大型地下污水处理厂 构筑物设计与施工

——上海白龙港污水处理厂提标工程

龙莉波　周质炎　编著

同济大学 出版社
TONGJI UNIVERSITY PRESS

内 容 提 要

　　本书结合上海白龙港污水处理厂提标工程,对地下污水处理厂构筑物的设计、施工创新技术及其应用进行了全面的介绍,这些技术的成功应用,是对大规模地下污水处理厂绿色快速施工的积极探索,也为类似大型地下构筑物设计施工提供很好的借鉴作用。

　　本书的读者对象主要为土木工程领域的工程技术人员,希望帮助读者对地下污水处理厂的设计、施工和管理有更深入的了解。

图书在版编目(CIP)数据

　　大型地下污水处理厂构筑物设计与施工:上海白龙
港污水处理厂提标工程 / 龙莉波,周质炎编著. -- 上海:
同济大学出版社,2020.9
　　ISBN 978-7-5608-9455-3

　　Ⅰ.①大…　Ⅱ.①龙… ②周… 　Ⅲ.①污水处理厂—
地下建筑物—建筑设计 ②污水处理厂—地下建筑物—施工
管理 　Ⅳ.①X505

　　中国版本图书馆 CIP 数据核字(2020)第 161484 号

大型地下污水处理厂构筑物设计与施工
——上海白龙港污水处理厂提标工程

龙莉波　周质炎　编著

责任编辑　胡晗欣　**责任校对**　徐春莲　**封面设计**　潘向蓁

出版发行　同济大学出版社　　www.tongjipress.com.cn
　　　　　(地址:上海市四平路 1239 号　邮编:200092　电话:021-65985622)
经　　销　全国各地新华书店
印　　刷　上海安枫印务有限公司
开　　本　710 mm×980 mm　1/16
印　　张　15.75
字　　数　315 000
版　　次　2020 年 9 月第 1 版　　2020 年 9 月第 1 次印刷
书　　号　ISBN 978-7-5608-9455-3
定　　价　98.00 元

编 委 会

主　编　龙莉波　周质炎

副主编　郭延义　翟之阳　黄时锋　韩　忠　马跃强
　　　　　富秋实

编　委（按姓氏笔画排序）
　　　　卫军明　王竹君　贝　晗　白海梅　吕　旻
　　　　祁　真　许重阳　巫　进　李　旭　杨丽娜
　　　　吴樟强　汪思满　张　威　张　敏　张　毅
　　　　陆冬兴　赵扬帆　赵　欣　胡艳芳　胡董超
　　　　聂　静　聂东清　郭艳坤　席金虎　黄　辰
　　　　戚健文　章　谊　潘子超

前　言

　　地下污水处理厂具有占地面积小、环境污染少、厂址选择范围大等优点,且污水处理厂上部通过绿化处理,可以成为市民公共活动空间,从而提升了周边的土地价值。随着我国城市建设的高速发展、经济水平的不断提高和土地价值的节节攀升,地下污水处理厂的优势更加显现,已逐渐成为城市污水处理厂建设的主要形式。当然,地下污水处理厂与传统的地面污水处理厂相比不仅造价高,而且设计和施工的难度也大,同时对运行维护也提出了更高的要求。

　　地下污水处理厂从地下空间利用最大化和占用土地资源最小化考虑,在污水处理工艺上都是采用集约化布置形式,使得地下污水处理厂地下构筑物都呈现体量大、埋置深和内部空间分隔复杂等特点,这种特殊的地下综合体,对设计、施工和建设管理都带来了新的技术难题。

　　上海白龙港污水处理厂提标工程是提升上海市污水排放标准达到国家《城镇污水处理厂污染物排放标准》一级 A 标准的重要设施之一,其中全流程 50 万 m^3/d 地下污水处理设施是该工程的重要组成部分,由两组处理能力为 25 万 m^3/d 的地下综合体组成,主要包含生物反应池、二沉池、高效沉淀池等工艺流程。单体平面尺寸为 285 m×254 m,埋深 8～14.5 m,覆土深度达 2 m。主要呈现以下特点:

　　(1) 场址地质环境条件复杂。本工程位于长江口区域,地质以软弱黏土和饱和沙土组成,周围多为已建建筑物、构筑物和市政管线。

　　(2) 基坑规模大。两座地下构筑物形成的基坑尺寸为 500 m×300 m,面积达 15 万 m²,基坑开挖深度在 15 m 以上,局部开挖深度达到 15.8 m。

(3) 防水要求高。本工程为全地下构筑物,由污水处理层和操作层组成,对水池的密闭性和操作空间防水性要求很高。

(4) 绿色施工要求高。本工程为大型钢筋混凝土地下构筑物,常规施工工艺不仅施工工期长而且要消耗大量模板和脚手架,工程质量控制难度大,施工效率低。

(5) 信息化技术的应用。当前信息技术已渗透各行各业,信息技术正在促进建造技术的变革。本工程污水处理工艺要求高,构筑物形体复杂,工艺管线和设备错综交叉,这对施工带来了诸多难题,迫切需要采用信息化技术,协调建设管理、优化施工工序、提高施工效率。

为了快速、高效、优质地完成工程,设计、施工和建设管理团队齐心协力,敢于技术创新,积极开展了多项关键技术课题研究,并勇于在工程中实践应用,取得了多项创新成果,获得了很好的社会经济效益。

(1) 大规模深基坑高密度低挤土劲性复合桩技术应用。

地下污水处理厂综合体是个大型的地下空间结构,需要设置大量的桩基进行抗浮,为了控制高密度群桩施工产生的挤土效应对基坑围护和周围环境影响,本工程研发应用了低挤土劲性复合桩,通过在水泥搅拌桩里插入钢筋混凝土异形管桩,既解决了大量预制管桩打入地基产生的挤土效应,又避免了钻孔灌注桩产生大量泥浆对环境的影响。

(2) 大规模深基坑无内支撑施工技术应用。

地下污水处理厂具有规模大、埋置深和内部结构复杂等特点,使得基坑围护设计影响因素多,支撑布置也很复杂,常规的水平桁架支撑结构形式,不仅工程规模大、造价高,而且对内部结构施工产生大量的干扰,施工工期长,质量也难保证。本工程研发应用了软土地基放坡+双排桩的无内支撑围护结构形式,为大规模地下复杂空间结构施工留出了施展空间,极大地方便了内部结构的施工组织,确保了按时高质量地完工。

（3）超长混凝土水池裂缝控制技术应用。

为了避免大体积钢筋混凝土结构产生裂缝,需要按要求在一定距离设置变形缝。地下污水处理厂构筑物不仅要确保污水不能外流,还要防止地下水渗入操作空间,水密性要求很高。要求在伸缩缝里埋置橡胶止水带,由于橡胶止水带伸缩缝构造复杂,施工质量难以控制,因此这是大型地下空间结构渗漏水的主要隐患。本工程研发应用了超长钢筋混凝土结构水池裂缝控制技术,采用优化混凝土配比、跳仓施工和加强养护等措施,使水池整体结构长度达 200 多米,不仅提高了大型地下水池结构的水密性,而且还加快了施工进度,降低了工程成本。

（4）新型地下装配式结构建造技术应用。

装配式结构在建筑工程中已得到广泛应用,地下结构由于水密性要求高、构件复杂等因素,制约了装配技术的发展。地下污水处理厂构筑物施工空间小、排架和模板搭设困难,混凝土浇筑质量控制难度高,而装配式结构由于其主要构件工厂化制造,质量保证度高,施工进度快,因此,地下污水处理厂构筑物采用装配施工技术优势凸显。本工程根据地下构筑物结构特点在操作层研发应用了装配施工技术,通过采用预制节点形式,解决了地下结构荷载大、节点钢筋密集、节点现浇质量难以控制的技术难题,节点预制还可以通过调整现浇段长度来适应水处理构筑物尺寸多变的情况,使预制构件标准化量得到很大提高。

（5）工程建设信息化管理技术应用。

信息化技术的快速发展,促进了传统施工技术的提高,地下污水处理厂构筑物形体复杂,管线设备密集,施工组织协调至关重要。本工程研发应用了工程建设信息化平台,实现了项目建设全过程的信息化管理。工程建设信息化平台在工程前期策划、施工现场勘测和监控、施工流程模拟、施工安全管理、资料管理和施工进度管理等方面发挥着规范引领的积极作用。

本书结合上海白龙港污水处理厂提标工程,对典型的地下污水处理厂构筑物设计施工创新技术应用进行了全面的介绍,这些技术的成功应用,是对大规模地下污水处理厂绿色快速施工的积极探索,也为类似大型地下构筑物设计施工提供了很好的借鉴。

随着我国城镇化进程的加快,环保要求的不断提高,会建设更多更大的地下污水处理厂,工程建设的环境要求和技术难度也会越来越高,这给工程技术人员带来了新的机遇和挑战,必将促进我国地下工程设计、建造和建设管理技术再上新的台阶。

感谢上海建工二建集团有限公司、上海市政工程设计研究总院(集团)有限公司、上海白龙港污水处理有限公司、上海宏波工程咨询管理有限公司、同济大学、郑州工程技术学院的编写人员,为本书的出版付出了很大的贡献。

编著者

2020 年 6 月

目　　录

第 1 章

绪 论

1.1　概述

随着我国经济的快速发展和城镇化进程的不断加快,水环境污染的问题日益突出。为了加强城市生态自然环境的保护,不断提高城镇居民的生活质量,我国近年来不断加大城市环境保护治理力度。城镇污水处理厂的污水处理能力和总体数量均呈上升趋势。2017年中国统计年鉴指出,我国的城市污水日处理能力达到16 779.2万 m^3 ,污水处理率达到87.38%,污水处理厂集中处理率达到85.80%。目前,我国超过90%的城镇都已经建设了专门的污水处理厂。

2015年国务院发布的《水污染防治行动计划》(以下简称《水十条》)明确指出,2020年,长江、黄河、珠江、松花江、淮河、海河、辽河等七大重点流域水质优良(达到或优于Ⅲ类)比例总体达到70%以上,地级及以上城市建成区黑臭水体均控制在10%以内;到2030年,全国七大重点流域水质优良比例总体达到75%以上,城市建成区黑臭水体总体得到消除,城市集中式饮用水水源水质达到或优于Ⅲ类比例总体为95%左右。

为贯彻国家《水十条》精神,全面提升上海市城镇污水处理厂的排放标准,2016年4月,上海市环保局和上海市水务局联合发出《关于上海市污水处理厂新建、扩建和提标改造项目污染物排放标准有关事项的通知》(以下简称《通知》)。《通知》指出,除了污水处理提标外,污泥处置和臭气控制也是污水厂改造的核心因素。到"十三五"期末,上海市及各区污泥有效处理率达到90%,中心城内污水处理厂升级与环境整治同步进行,注重除臭设施的改造和提升,使其与周边环境相融合。上海白龙港污水处理厂提标工程就是落实《水十条》和《通知》的重要举措之一。

1.1.1　污水处理厂的由来和发展

从城市污染源排出的污水或废水,因所含污染物浓度较高,往往达不到排放标准,直接排放会降低水环境质量和功能目标。此时,需要建立专门的场所对污水或废水进行处理,再将其排放到自然环境中。这个场所就是污水处理厂,或称污水处理站。

污水处理厂一般分为城市集中污水处理厂和污染源分散污水处理厂。其处理工艺流程是由各种水处理方法优化组合而成的,包括各种物理法、化学法和生物法,要求技术先进、经济合理、费用最省,且设计时必须贯彻当前国家的方针和政策。在构筑物组成上,污水处理厂具有各类处理工艺的核心建筑和厂区管道、道路、绿化、厂区给排水、污泥处理系统等附属建筑,这些构筑物能够保证污水处理厂达到技术先进、管理便捷、效果稳定和费用节省等要求。

我国污水处理产业起步较晚且进步缓慢。1949 年以来到改革开放前,我国污水处理的需求主要来自工业和国防。改革开放后,国民经济的快速发展和生活水平的显著提高拉动了污水处理的需求。进入 20 世纪 90 年代,我国污水处理产业进入快速发展期,污水处理需求的增速远高于全球平均水平。1990 年以来,全球污水处理表观消费量以年均 6% 的速度增长。而 1990—2000 年期间,我国污水处理表观消费量年均增长率达到 17.73%,是世界年均增长率的 2.9 倍。进入 21 世纪,我国污水处理产业高速增长。2000—2004 年,我国污水处理表观消费量从每日 188 万吨增长到 447 万吨,年平均增长率超过 27%。2001 年,我国污水处理表观消费量每日达到 225 万吨,超过美国成为世界第一污水处理消费大国。伴随着污水处理市场的快速发展,我国污水处理产量也结束了长期徘徊的局面,实现了高速增长。2000—2004 年,我国污水处理产量从每日 46 万吨增长到 236 万吨,年均增长率为 82.6%。而同期的世界污水处理产量则仅以年均 6% 左右的速度增长。

从 20 世纪 90 年代后期开始,我国国有和合资企业通过引进和技术改造,先后建成了一系列污水处理生产线,污水处理工艺技术装备达到国际先进水平。总体上看,我国污水处理正在经历由规模小、水平低、品种单一、能力远低于需求到具有相当规模和水平、品种质量显著提高和初步满足国民经济发展要求的深刻转变,污水处理需求将逐步实现自给。由于国家和各级政府对环境保护重视程度的不断提高,中国污水处理行业正在快速增长,污水处理总量逐年增加,城镇污水处理率不断提高。但中国的污水处理率与发达国家相比,还存在着明显的差距,且处理设施的负荷率低。因此,一方面我国应完善污水处理的政策法规,建立监管体制;另一方面,应当积极发展污水处理工艺技术装备,提高污水处理厂的科技水平。

1.1.2　地上污水处理厂存在的问题

我国在早前的污水处理产业建设中,建造了一大批地上污水处理厂站。然而,随着时代的发展和人民生活水平的提高,地上污水处理厂的缺点越来越突出。

首先,地上污水处理厂会造成严重的环境污染,尤以大气污染最为严重。大量监测数据表明,大部分污水处理厂臭气的排放浓度都很难达到排放标准。不仅影响周边居民的生活,也严重威胁处理厂工作人员的身体健康。此外,地上污水处理厂在污水处理过程中会产生大量来自水泵和鼓风机等设备的噪声,会对人体健康造成一定的危害。还有,地上污水处理厂产生的黑色水体和翻滚曝气很大程度影响了周边居民的视觉体验,成为城市生态环境建设的限制因素,对市容市貌会产生很大的负面影响。

其次,地上污水处理厂会造成土地资源的浪费。我国《城镇污水处理厂污染物排放标准》(GB 18918—2020)中明确规定,地上污水处理厂周围应建设绿化带,并设有一定的防护距离。因此,地上污水处理厂将占用更多的土地资源,降低了周边土地的吸引力,影响了土地的利用效益。

1.1.3 地下污水处理厂的特点

针对地上污水处理厂的问题,出于对环境融合和生态宜居的考虑,地下污水处理厂成为时代发展的必然。同时,环境污染和土地浪费的问题也可以有效地避免或解决。但地下污水处理厂也存在着一些缺点,如表1-1所列。

表1-1　地下污水处理厂的优缺点

优缺点	主要特点	具体说明
优点	构筑物集约化布置,用地面积小	科学合理地利用了地下空间,无须设置隔离带与绿化带
	环境污染少,厂址选择空间大	采用全封闭式布局,更利于臭气的收集与处理,且设备噪声和振动基本不会对地面的建筑和居民产生影响
	地面可以绿化,提升周边土地价值	上部空间可用于建设城市花园、公共休闲广场等利民的公共设施
缺点	运营期间的安全隐患较多	封闭空间,水淹、火灾、有害有毒气体泄露等风险较大
	设计难度高	空间狭小,需要考虑预留消防通道、考虑设备检修及运输等多种工况
	扩建难度高	在设计初期,对污水处理厂的规划控制要求更高,污水处理厂总规模宜按远期规划到位

　　地下污水处理厂与地上污水处理厂的构筑物形式也存在明显的不同。地上污水处理厂的工艺流程是分散布置的,因此单体构筑物规模不大。而地下污水处理厂从地下空间利用最大化和节约投资的角度考虑,将所有水处理构筑物合并在一起,形成大型地下箱体,具有体量大、埋置深、荷载工况多、结构复杂等特点。这种特殊的构筑物布置形式不同于常见的民用建筑地下综合体,因此常规的施工方法不能满足特殊结构的施工需求。这对结构设计、施工和建设管理都带来新的挑战。

　　综上所述,与地上污水处理厂相比,地下污水处理厂在环境保护和土地资源利用等方面具有明显的优点。而其自身的缺点,可以通过完善规范编制和设计导则等方式对规划层面、设计层面的工作进行有效的指导和约束,更好地发挥地下污水处理厂的优点。

1.2　国内外地下污水处理厂建设现状

1.2.1　国外地下污水处理厂建设现状

1.2.1.1　芬兰维金麦基中心污水处理厂

　　自 1932 年开始,芬兰开始建造地下污水处理厂。受限于当时的技术条件,地下污水处理厂的建设发展非常缓慢。作为芬兰的首都,赫尔辛基在 1994 年建成维金麦基中心污水处理厂(图 1-1),使芬兰湾的污染大大减少。中心处理厂建在赫尔辛基市中心附近的维金麦基。7 个主要的地下处理厂洞室作为主要的处理厂站(图 1-2),宽 17～19 m,高 10～15 m。每个洞室由 10～12 m 宽的石柱相隔,洞室的上覆岩层厚度在 0～25 m 不等。本工程的挖掘工作从 1988 年初开始,持续到 1992 年。所有污水处理设备均位于地下,而办公室、职工活动中心、部分车间及能量生产站建于地上。

　　该地下污水处理厂造价为 1.98 亿美元,是芬兰乃至整个北欧最大的污水处理厂。设计规模为 33 万 m³/d,实际处理量为 28 万 m³/d(雨季为 80 万 m³/d)。其中,85％为生活污水,15％为工业废水。该厂的工艺亮点是通过热电联产设备回收电能和热能。

图 1-1　维金麦基中心污水处理厂

图 1-2　污水处理厂洞室

1.2.1.2　荷兰多克哈芬地下污水处理厂

多克哈芬是荷兰鹿特丹的一个地下污水处理厂(图 1-3),位于城市的中心地区。该厂是荷兰唯一的地下污水处理厂,于 1977 年开始规划,1981 年开工建设,1987 年 11 月 3 日正式运行,设计处理能力为 47 万人口当量/天。多克哈芬处理厂建设在一个长约 237 m、宽约 158 m、高 8~9 m 的混凝土箱体内部。除控制大楼外,该厂的全部设备都建于地下混凝土箱体中(图 1-4),而箱体顶部则修建有一个公园。为了防止工作人员接触到未处理的污水,在污水处理池和走廊之间放置隔离墙,并且在处理池上设置混凝土盖板,将水池与走廊及中心区域隔离。地下处理厂还设计有大量的紧急出口,保证工作人员可以紧急疏散。由于采用了全封闭的结构形式,多克哈芬污水处理厂的总占地面积仅相当于普通处理厂的 1/4,而地面已经发展为一个占地 50 000 m² 的公园。此外,该厂在污水与污泥处理工艺升级时,不断采用世界上最先进的工艺流程,如 SHARON(中温亚硝化)和 ANAMMOX(厌氧氨氧化)等现代技术。这些特点使得多克哈芬污水处理厂成为荷兰乃至世界污水处理厂建设史上为数不多的经典工程之作。

图 1-3　多克哈芬污水处理厂

图 1-4　多克哈芬污水处理厂内景

1.2.1.3 瑞典 Henriksdal 地下污水处理厂

无论在数量上还是处理率上,瑞典的大型地下排水系统都位于世界领先地位。其建成的地下污水处理厂已经成功运行了 50 多年。图 1-5 为瑞典最大的污水处理厂——Henriksdal 污水处理厂,服务 75 万人。瑞典污水处理厂通常为许多平行的洞室,设计要求为洞室长 300 m,过水断面达到 100 m²。在早期建立的地下污水处理厂中,这些洞室的方向与岩体相互垂直,限制了污水净化的效果,后期的设计对此进行了改进。对于污水的收集采用岩石隧洞的方式,不仅可以最小化污水排放与处理厂之间的距离,还节约了处理厂的费用。这是因为地下隧洞除了可以容纳来自其他地区和待开发地区的污水,还可以平衡每天的高峰流量。

图 1-5　瑞典 Henriksdal 污水处理厂内景

1.2.1.4 挪威 Bekkelaget 地下污水处理厂

挪威在地下空间开发利用方面处于世界领先地位。Bekkelaget 污水处理厂是一座建在山洞中的污水处理厂(图 1-6),位于挪威首都奥斯陆以南 30 km 的 Bjerkas 地区,是挪威的第二大污水处理厂。日均处理量为 10 万 m³/d,处理污水量占整个奥斯陆地区的 35%～40%。

Bekkelaget 污水处理厂的选址考虑了以下几个原因:①Bjerkas 地区已经是一个工业区;②该地区私人居住较少。该处理厂主要由 11 个平行的洞室组成,每个洞室宽 16 m,断面为 150～160 m²。洞室之间有 12 m 宽的隔墙。除了 11 条

图 1-6　挪威 Bekkelaget 污水处理厂内景

主洞室外,还设有一条 800 m 长的排放隧道。该隧道将处理后的污水排入奥斯陆峡湾。对于隧道开挖过程中造成地下水位降低的问题,该工程采用预先打孔注水的方式,有效地防止了地下水位的变化。

1.2.1.5　日本叶山町地下污水处理厂

日本神奈川县的叶山町污水处理厂(图 1-7)位于三浦半岛的西半部,三面有山,平地不多,沿着海岸线形成市区。沿海的平地有稠密的居民区,丘陵区是近郊的绿地和风景区,海域是旅游的资源和渔民谋生的场所。为了将地形因素和对景观的影响控制在最小限度内,该污水处理厂采用山中隧道式处理厂形式。隧道的最大开挖断面积为 420 m²,地层为软岩,这也是日本国内最大的地下洞

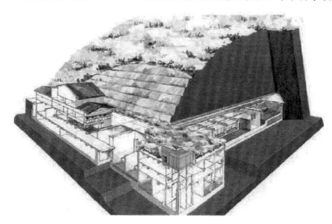

图 1-7　叶山町污水处理厂示意

室。隧道式污水处理厂是日本下水道事业团应用道路隧道施工法进行开发的。由于这种施工法是把大部分处理设施都集中在隧道内,所以即使在平地面积较少的地区,也能够确保处理厂正常的工作。

1.2.1.6 美国芝加哥污水和防洪工程

美国芝加哥市污水和防洪工程也是地下空间开发利用的一项经典之作。在暴风雨期间和春季雪融化季节,地面径流较大,可能会超过污水处理厂的处理能力。然而,由于环境保护的要求不容许将污水直接排入江河,因而必须建造大型的地下污水贮库用以缓和流入污水处理厂的高峰流量。芝加哥市污水和防洪工程在白云岩的开挖深度超过了 100 m,开挖直径为 2.7～11 m,隧道总长为210 km(图 1-8),共有 252 条竖井。每个地下抽水泵室的长宽高分别为 84 m、19 m 和 29 m。该贮库的建设能有效防止对密执安湖造成污染。

图 1-8　芝加哥隧道和水库计划中的 Des Plaines 引流隧道施工

1.2.1.7 法国 Geolide 地下污水处理厂

法国非常重视地埋式污水处理厂的建设和研究,建有多个地埋式污水处理厂,如土伦污水处理厂和安提普污水处理厂等。其中,法国马赛的 Geolide 污水处理厂(图 1-9 和图 1-10)服务人口为 186 万,设计处理规模为 24 万 m^3/d,于1987 年投入运行。该厂最初采用的是物化处理技术,2008 年改进为生物处理技术。Geolide 污水处理厂占地面积为 30 000 m^2,是世界占地面积最大的地下污水处理厂。该厂污泥厌氧消化产生的沼气用于热电联产,除供污水处理厂用之外,还能为足球场供热。

图 1-9　Geolide 污水处理厂入口　　　图 1-10　Geolide 污水处理厂内景

1.2.2　国内地下污水处理厂建设现状

2010 年后,随着我国首个地下污水处理厂——广州京溪地下净水厂的建成投产,各地地下污水处理厂开始快速发展。这些地下污水处理厂颠覆了过去充满臭气、噪声和满目都是污水池体的传统认识。污水处理厂开始融入城市中心区,其地面花园式环境彻底解决了传统污水处理厂与城市居住环境的格格不入问题。目前,国内已建成的部分地下污水处理厂的技术指标如表 1-2 所列。

表 1-2　国内部分地下污水处理厂技术指标

项目名称	处理规模 /(万 m³·d⁻¹)	出水标准	地下形式
安徽省合肥市滨湖新区塘西河污水处理厂	0.5	一级 A	半地下
安徽省合肥西部组团污水处理厂	10	地表水 Ⅳ 类	半地下
北京天堂河污水处理厂	8	一级 B	全地下
北京稻香湖地下再生水厂	16	B 级	全地下
福建省三明列东污水处理厂搬迁及扩建工程	3	一级 A	半地下
福建省厦门市马銮湾再生水厂	5	地表水 Ⅳ 类	全地下
福建省厦门海沧污水处理厂	10	一级 A	全地下
广东省广州生物岛再生水厂	1	一级 A	全地下
广东省灵山岛尖污水处理厂	3	一级 A	半地下
广东省深圳西丽再生水厂	5	一级 A	半地下

（续表）

项目名称	处理规模 /(万 m³·d⁻¹)	出水标准	地下形式
广东省广州京溪污水处理厂	10	一级 A	全地下
广东省深圳布吉水质净化厂	20	一级 A	全地下
广东省深圳滨河污水处理厂	30	一级 A	全加盖绿化
广东省深圳福田水质净化厂	40	一级 A	半地下加盖绿化
河北省正定新区全地下污水处理厂	10	一级 A	全地下双层
河南省洛阳伊川第二污水厂建设工程	2	一级 A	全地下
河南省南阳高新区光电产业园区污水处理厂	3	一级 A	全地下
河南省郑州南三环污水处理厂	10	一级 A	半地下
江苏张家港金港污水处理厂	5	一级 A	全地下双层
江苏省苏州新区污水处理厂迁建和综合改造工程	8	一级 A	全地下
江苏省苏州市相城区城西污水处理厂改扩建工程	8	地表水Ⅳ类	全地下
辽宁省大连旅顺小孤山污水处理厂	3	地表水Ⅳ类	半地下
山东省临沂大学污水处理厂	1.6	一级 A	全地下
山东省烟台古县污水处理厂	6	一级 A	全地下
山东省青岛高新区污水处理厂	18	一级 A	全地下
云南省昆明市第十一水质净化厂	6	一级 A	全地下
云南省昆明市第九污水处理厂	10	一级 A	全地下
云南省昆明经开区普照水质净化厂	10	一级 A	全地下双层
云南省昆明市第十水质净化厂	15	一级 A	全地下
浙江省杭州之江污水处理厂	16	一级 A	全地下

注：① "一级 A"来自《城镇污水处理厂污染物排放标准》(GB 18918—2002)；
② "地表水Ⅳ类"来自《中华人民共和国地表水环境质量标准》；
③ "B 级"来自《北京市城镇污水处理厂水污染物排放标准》(DB11/890—2012)。

上海地区由于经济发展水平高和城镇化发展迅速，土地资源越来越紧缺，迫切需要解决水环境质量改善和污水处理厂建设用地缺乏之间的矛盾。因此，地下污水处理厂是解决上海市污水处理厂建设用地匮乏问题的有效途径。"十三五"期间，上海加快了地下污水处理厂的建设。白龙港污水处理厂、泰和污水处理厂和虹桥污水处理厂成为其中的代表工程，具体情况见表 1-3。

表 1-3 上海"十三五"新建地下污水处理厂情况

污水厂名称	建设形式	设计出水标准	处理规模 /(万 m³·d⁻¹)	平面尺寸 /m²	埋深 /m
白龙港地下污水处理厂	全地下式双层	一级 A	50	515×284	14.5/15.8
泰和污水处理厂	全地下式地下双层	一级 A,氨氮总磷地表水Ⅳ类标准	40 (一期)	350×350	17.5
虹桥污水处理厂	半地下式地下双层	一级 A,氨氮总磷地表水Ⅳ类标准	20	319×213	7.55/13.45

1.3 上海白龙港污水处理厂工程概况

1.3.1 上海白龙港污水处理厂概况

1.3.1.1 地理位置

上海白龙港污水处理厂位于浦东新区合庆镇内人民塘西,离吴淞口约 27 km,离川沙镇约 7 km,与下游白龙港相距 1.5 km,并与横沙岛和长兴岛隔海相对,如图 1-11 所示。该处的自然地理环境与浦东新区和长江南港的自然地理环境一脉相承。

图 1-11 上海白龙港污水处理厂地理位置

1.3.1.2 工程服务范围

根据上海市水务(海洋)规划设计研究院于 2016 年 6 月编制的《上海市污水

处理系统专业规划(2015—2040)》,白龙港区域服务范围北至竹园区域南侧边界,西至闵行区界,南为闵行区界及杭州湾区域北侧边界,东至长江,服务面积约1 060 km²,规划服务人口为950万~1 000万人,涉及黄浦区、静安区(南片)、徐汇区、长宁区、闵行区、浦东新区及青浦区(徐泾东部区域)7个区。

上海白龙港污水处理厂服务范围为白龙港区域除天山污水处理厂服务范围以及华漕镇、徐泾东片和新虹街道北部区域,总服务面积约995 km²,规划服务人口为900万~950万人,规划污水量为330万~350万 m³/d。污水通过污水二期总管中线、南干线以及污水二期总管南线等污水总干管收集后,输送至白龙港污水处理厂。

1.3.1.3　污水厂现状

上海市白龙港污水处理厂经过升级改造工程、扩建工程、扩建二期工程、污泥处理处置工程、污泥应急工程等建设,已基本形成了四大区域,如图 1-12 所示。第一区域为最西侧的预处理区,内有中线预处理系统、一级强化处理、南线进水泵房、南线预处理区和厂前区。第二区域为北侧的污泥处理处置厂和污泥应急工程。第三区域为厂区中部的污水处理区,包括升级改造、扩建二期的 6 座生物反应沉淀池。第四区域为东侧的污泥填埋场。历次改造的时间、规模、实施内容和主要工艺如表 1-4 所列。

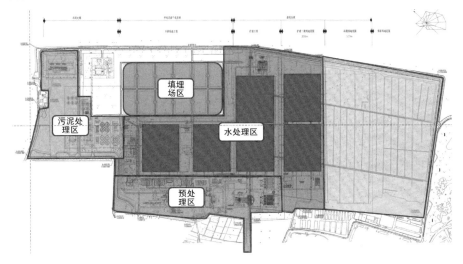

图 1-12　上海白龙港污水厂功能区位置示意

表 1-4   上海白龙港污水厂历年工程简介

序号	工程简称	建成年代	规模	建设标准	采用工艺
1	预处理	1999	172(万 m³·d⁻¹)	去除栅渣和沉砂后排入长江	粗细格栅+沉砂池+出口提升泵站+深海排放
2	一级强化	2004	120(万 m³·d⁻¹)	优于一级	高效沉淀池
3	升级改造	2008	120(万 m³·d⁻¹)	生化处理优于二级标准	A/A/O工艺
4	扩建	2008	80(万 m³·d⁻¹)	二级标准排放	A/A/O工艺
5	污泥处理	2010	消化：204 tDs/d 干化：70 tDs/d	污泥浓缩、消化、干化,含水率<80%	重力/机械浓缩、厌氧消化、流化床干化
6	扩建二期	2012	80(万 m³·d⁻¹)	一级 B 标准	A/A/O工艺
7	污泥应急	2012	300 tDs/d	污泥含水率<60%	稀释+调理+板框+外运
8	除臭工程	2016	175(万 m³·d⁻¹)	厂界一级标准	组合式高效除臭工艺

注：① "tDs/d"为每天污水处理生产的干污泥吨数；
② "A/A/O"为"厌氧—缺氧—好氧"。

目前,上海白龙港污水处理厂进水量为旱季 220 万～240 万 m³/d,雨季 240 万～260 万 m³/d,总处理能力为 280 万 m³/d,出水混合达标后排放。

1.3.2 上海白龙港污水处理厂提标工程

为了进一步提升上海白龙港污水处理厂的污水处理能力,对该厂实施了提标工程,设计规模 280 万 m³/d,采用减量达标的方式。原有的生物处理规模由 280 万 m³/d 减量至 160 万 m³/d,新增 120 万 m³/d 生物处理设施和 280 万 m³/d 的深度处理设施,在总处理规模保持 280 万 m³/d 不变的基础上,出水标准整体达到一级 A 标准。

污水处理采用多模式 A/A/O+辅助化学除磷工艺,深度处理部分采用混凝沉淀过滤工艺,出水采用加氯和紫外线联合消毒方式,达到《城镇污水处理厂污染物排放标准》一级 A 标准,尾水排入长江。

1.3.2.1 设计规模

白龙港片区内排水系统为分流制和合流制共存,进水干管有中线、南干线和南线三条。根据对收集系统内流量的统计和预测,近期通过南线进厂的旱流水量为 160 万 m³/d 左右,中线和南干线旱流水量约为 120 万 m³/d,总污水量

280 万 m³/d。确定本次提标工程设计规模为 280 万 m³/d。

1.3.2.2 设计水质

根据白龙港历年进水水质统计和水务局沪水务〔2012〕255 号文要求确定进水水质。根据《水十条》以及三委办局颁布的"关于本市贯彻落实《水十条》近期重点工作安排的请示"(沪环保自〔2015〕232 号文)要求,确定白龙港污水处理厂出水水质执行一级 A 标准。由此确定进水和出水指标如表 1-5 所列。

表 1-5 设计进出水水质

名称	COD$_{cr}$	BOD$_5$	SS	NH$_3$-N	TN	TP	粪大肠菌群
原设计进水水质	320	130	170	30	40	5	——
本次提标设计进水水质	360	160	140	40	45	5	——
原设计出水水质(升级改造扩建)	100	30	30	25	——	3	10 000
原设计出水水质(扩建二期)	60	20	20	8(15)	20	1	10 000
本次设计出水水质	50	10	10	5(8)	15	0.5	1 000

1.3.2.3 规划选址及用地情况

白龙港给污水提标工程需要新增用地,根据用地规划,此次提标工程,新增三块用地,具体如图 1-13 所示。

(1) 地块 1:西北地块,占地面积 0.253 4 km²;

(2) 地块 2:西南地块,占地面积 0.090 9 km²;

(3) 地块 3:南部地块,占地面积 0.271 km²。

1.3.2.4 总图布置

根据用地规划及提标工程需要新建设施,上海白龙港污水处理厂总平面布置如图 1-14 所示。

其中,在西北地块布置 50 万 m³/d 一级 A 全流程地下污水处理厂(含 50 万 m³/d 生物处理设施和 50 万 m³/d 深度处理设施);在西南地块布置 20 万 m³/d 生物处理设施;在南部地块布置 50 万 m³/d 生物处理设施和 180 万 m³/d 深度处理设施;在厂区现状用地内布置 50 万 m³/d 深度处理设施。本书主要介绍上海白龙港污水处理厂提标工程西北地块全地下污水处理厂的设计、施工及建设管理情况。

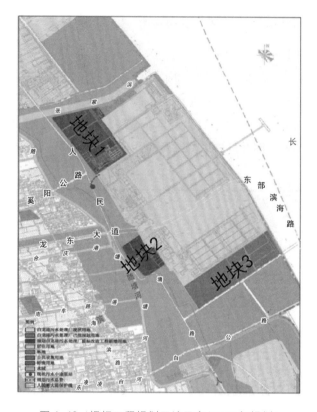

图 1-13　提标工程规划用地示意(2016 年规划)

图 1-14　上海白龙港污水处理厂总平面布置

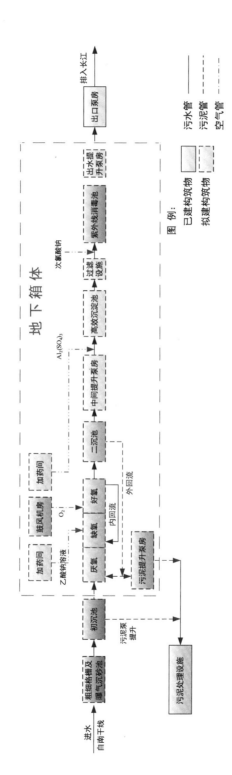

图 1-15　全地下污水处理厂工艺流程

1.3.3　全地下污水处理厂

本次提标工程在西北地块(占地面积 0.253 4 km²)建设 50 万 m³/d 一级 A 全地下污水处理厂(含生物处理设施和深度处理设施),污水处理采用多模式 A/A/O+辅助化学除磷工艺,深度处理部分采用混凝沉淀过滤工艺,出水采用加氯和紫外线联合消毒方式,达到《城镇污水处理厂污染物排放标准》一级 A 标准,尾水排入长江。地下污水处理厂采用如图 1-15 所示的工艺流程。

全地下污水处理厂将主要构(建)筑物合建成一个集约化的水池及生产用房,置于地下一定的深度,然后在水池上方建造一个钢筋混凝土空箱,空箱顶板上覆土 0.5~2.0 m,从而形成一个二层地下空间结构,即地下箱体,箱体的上层为空箱结构,作为巡视操作层,下层为水池结构,箱体顶板上覆土种植绿化形成大片绿地景观。为了方便人员、设备进出,满足消防通风要求,除了设置坡道连接地上、地下,还设置多处垂直出入口及通风井。

全地下污水处理厂共设置两座全地下箱体,每座箱体处理能力为 25 万 m³/d,平面尺寸为 285 m×254 m,埋深 8~14.5 m,主要包含生物反应池、二沉池、高效沉淀池、鼓风机房、加氯加药间等构(建)筑物。

1.4　工程特点与关键技术

1.4.1　工程特点

1.4.1.1　地质条件复杂

经勘察查明,本工程场地内的地基土主要由填土、砂性土、粉性土、淤泥质土和黏性土组成。其中,涉及的不良地质条件主要有填土、砂性土、软弱土和障碍物等。场地浅部有②₃₋₂层灰色砂质粉土,砂性土层厚达 4.1 m,且呈饱和状态,平均含水量达 30%以上。三轴搅拌桩及劲性复合桩工程桩施工时,上述砂性土的沉积易造成搅拌桩埋钻、浆液离析、漏水等问题,导致围护结构施工效率低下,质量难以保证。

此外,地下污水处理厂构筑物跨度较大、埋深较深,且存在水池放空检修的情况。工程需要采用较为密集的桩基,解决结构不均匀沉降、抗浮和土层承载力不足等问题。然而,密集的群桩施工容易产生挤土效应:先打入的桩受到水平推挤而造成偏移和变位或被垂直挤拔造成浮桩,而后打入的桩难以达到设计标高和入土深度,造成土体隆起和挤压,以及截桩过大。

同时,本工程周围的建筑物和环境对地基变形均较为敏感:

(1) 东侧 50 m 外为现有白龙港污水处理厂;

(2) 北侧 45 m 外为张家浜河道;

(3) 西侧 50 m 外为军事管理区。

上述环境特点使得群桩施工时必须考虑挤土效应对周边环境的影响。因此,如何在满足工程桩基需求的前提下保证桩基施工质量,并控制挤土效应对本工程及周边环境的影响,是选择桩基形式和施工方法的关键。

1.4.1.2　基坑规模大

地下污水处理厂的污水处理设施占地面积较大,使得地下工程规模较大。本工程基坑尺寸为 263 m×289 m,基坑面积约 7.5 万 m²。地下污水处理厂包含两层构筑物,基坑开挖深度在 10 m 以上,局部开挖深度达到 14.5 m。根据《危险性较大的分部分项工程安全管理办法》,本工程深基坑属于超过一定规模的危险性较大的分项工程。

地下污水处理厂因其结构的特殊性,楼板间距较大,坑内结构施工阶段难以利用楼板换撑。并且,污水处理厂内部设施隔墙较多,隔墙施工时需要为内部支撑留出洞口,施工难度较大。大面积基坑的内支撑施工周期较长,不适用于本工程较为紧张的项目工期。此外,上海白龙港污水处理厂位于上海郊区,建筑密度较低,周围管线、隧道较少,周围环境相对简单,对基坑施工较为有利。

因此,如何在软土地基条件下开挖大规模深基坑,同时充分利用场地优势、节省内支撑的工程造价,是基坑工程施工的关键问题。

1.4.1.3　防水要求高

本工程地下结构规模较大,现场浇筑的大体积混凝土结构包括箱体结构的底板、侧壁、楼板、圆柱和 Y 形内隔墙等部位。其中,大底板尺寸达到 254 m×287 m,最大厚度达到 1 200 mm。污水处理池的池壁最大长度达到 254 m,最大厚度达到 1.1 m。大体积现浇混凝土硬化期间水泥水化热产生温度变化和混凝土收缩产生温度应力和收缩应力容易导致裂缝的产生。

对于地下污水处理厂而言,混凝土结构抗渗等级一般为 P8,防渗要求较高。

既要防止场地内的地下水透过底板或围护结构渗入，又要防止厂内污水处理池渗漏而造成的地下水系统污染。因此，必须严格控制超长混凝土水池浇筑时产生的温度应力和收缩应力，防止裂缝的产生。同时，超大超长结构底板的平整度及池壁的坡度对后续施工关系密切，必须严格控制。

1.4.1.4　大规模快速施工

本工程的施工工期较为紧张，要求大规模的地下结构能够快速完成施工。然而，地下污水处理厂的地下空间有限，排架搭设和模板支撑难度较大，对施工质量和进度不利。因此，本工程采用大规模地下预制装配式结构。

然而，地下预制装配式结构的建造也存在一些问题：

（1）预制构件体积较大，导致运输及堆放难度大、构件吊装难度大；

（2）装配式结构施工定位精度要求高；

（3）地下污水处理厂的结构防渗性能要求高，装配式结构接缝处理难度大。

因此，如何在地下污水处理厂构筑物施工中达到速度快、精度高、质量好的目标，是地下装配式结构施工的技术要点。

1.4.1.5　信息化技术要求高

本工程不论是结构设计、施工方案还是工程管理，都存在较多难点。例如，群桩施工如何合理部署施工流程以达到低挤土的效果；大规模深基坑如何合理安排开挖顺序以控制基坑变形；如何优化超大超长混凝土结构的施工流程以减少并控制裂缝的产生；如何优化装配式结构体系、关键节点和构件的设计以保证大规模地下装配式结构的高质量、高效率施工；如何在地下污水处理厂的有限空间内优化管线排布；如何组织场地内外交通等。

因此，本工程在设计、施工和管理方面都需要信息化技术的支持，以便结合施工计划同步软件管理，及时分析问题、优化工序，并对各部门的工作统一协调管理。

1.4.2　关键技术

1.4.2.1　高密度低挤土劲性复合桩技术

本工程为控制软土地基中高密度群桩施工产生的挤土效应，研发设计了高密度低挤土劲性复合桩技术，通过在桩位钻孔并灌入水泥浆形成柔性桩，并在柔性桩中植入预制的劲性桩,从而形成劲性复合桩。这种复合桩的施工属于非挤土工艺,施工过程对周围的桩基、地下构筑物和周围建筑的影响较小。因此,低挤土劲性复合桩符合本工程软土地基高密度群桩施工的需求。

通过深入研究劲性复合桩的"桩-水泥土-周边土体"接触面特性、变形性能、承载能力影响因素以及本工程的地质条件,建立了不同破坏模式下的劲性复合桩承载能力设计方法,并应用于本工程的劲性复合桩实际设计方案中。

1.4.2.2 大规模深基坑无内支撑施工技术

本工程基坑规模大、深度深,内部结构不利于水平支撑的设置,而基坑周边的场地环境较为简单。根据上述特点,本工程采用了双排桩支护和大范围放坡相结合的基坑围护方案,形成了大规模深基坑的无内支撑施工技术。

工程设计过程中研究了双排桩支护的设计理论。结合本工程的实际地质情况和放坡方案,进行了双排桩支护结构的前后排桩设计、排距和连梁设计、被动区和桩间土体加固设计以及多级放坡设计等。研究了坑外卸载对双排桩设计方案的影响,形成了结合本工程实际情况的基坑放坡和双排桩支护方案。

在施工过程中,对基坑进行分区降水、限时开挖,通过优化入坑通道、合理地施工部署、严密地基坑监测,保证施工进度满足要求,充分控制基坑变形,使基坑施工过程安全可靠。

1.4.2.3 超长混凝土水池裂缝控制技术

本工程中的现浇混凝土结构裂缝控制条件严格、平整度要求高,而结构的超大混凝土底板和超长混凝土池壁均为裂缝出现的高危区域。为此,本工程采用大体积混凝土跳仓法施工技术,以减少混凝土收缩和温度差异产生的裂缝。同时,用施工缝代替后浇带,改善了相邻混凝土浇筑的接缝质量,降低了二次浇筑带来的渗漏风险。

本工程利用有限元数值模拟的方法,结合挖土和结构施工流程,优化了跳仓法施工的混凝土分区方案、浇筑施工步骤和养护方法。施工过程中在相应部位埋设混凝土测温管,从而有效监测混凝土内部水化热的产生,以便在养护过程中及时采取措施,防止混凝土内外产生过大的温差。

采用跳仓法施工技术有效控制了本工程超大超长现浇混凝土结构裂缝的产生,施工质量得以保证,施工完成后的质量检测未发现渗漏点。同时,跳仓法施工还加快了施工进度,降低了工程成本。

1.4.2.4 新型地下装配式结构建造技术

考虑到本工程工期紧张、地下施工空间有限、排架和模板搭设困难,部分地下结构采用预制装配的施工形式。然而,传统的预制装配式结构仍存在构件体积较大、吊装困难、抗渗性能难以保证等一系列问题。为此,本工程开发了适用于地下工程的新型预制装配式混凝土结构体系。该体系包含了预制混凝土柱、预制混凝土二维节点和预制叠合板三类构件,优化了预制段与现浇段之间的钢筋连接方式。同时研发了高效的梁现浇段工具式模板支架体系和预制构件临时支撑体系,保证了预制装配式结构的高质量、高效率施工。

为了验证新型预制装配式混凝土结构体系的安全性,在施工现场的试验区按照1:1的比例建造了横向一跨纵向两跨的结构试验模型,并进行堆载试验。通过测试结构的挠度和裂缝,验证新型预制装配式混凝土结构体系的承载能力。

1.4.2.5 工程建设信息化管理技术

针对本工程施工复杂、多条线穿插、多区域衔接的特点,工程采用了全过程信息化管理技术,创建了项目建设的二级管理 BIM 平台,其中一级平台为项目协同管理平台,二级平台为施工协同管理平台和运维协同管理平台,为项目建设管理提供直观的建设管理平台,实现项目建设的全过程信息传递。

同时,利用信息化技术攻克了一系列工程设计和施工难点:

(1) 模拟和优化了低挤土劲性复合桩的施工流程;

(2) 研究了基坑降水和分区开挖施工效果;

(3) 利用有限元数值模拟方法计算了超大超长混凝土跳仓法施工的水化热和收缩;

(4) 基于 BIM 技术进行了装配式结构体系的优化设计和施工模拟。

此外,大型 BIM 工作站、360°全景相机、VR 设备、智能监测和测试系统等信息化硬件设施的综合使用使得工程前期设计和策划、施工现场勘测和监控、施工流程模拟和管理更为高效便捷。工程建设信息化技术还在施工前期部署、施工安全管理、资料管理和进度管理中扮演了不可或缺的角色。

1.5 本章小结

污水处理厂对缓解城市供水压力、改善城市生态环境、促进经济可持续发展有至关重要的作用。污水处理厂可分为地上和地下两种形式。与地上污水处理厂相比,地下污水处理厂具有用地面积少、环境污染小、厂址选择空间大等优点,并且可以通过地面绿化提升周边的土地价值。因此,地下污水处理厂逐渐成为污水处理厂的主要形式。

　　上海白龙港污水处理厂位于浦东新区合庆镇,总服务面积约为 995 km²,规划服务人口为 900 万~950 万人,规划污水量为 330 万~350 万 m³/d。为了进一步提升该污水处理厂的污水处理能力,对其进行了提标工程。受地形、厂址、施工周期等各方面因素影响,本工程具有地质条件复杂、基坑规模大、防水要求高、施工周期短、信息化技术要求高等难点。为此,针对本工程的难点开发了高密度低挤土劲性复合桩技术、大规模深基坑无内支撑施工技术、超长混凝土水池裂缝控制技术、新型地下装配式结构建造技术和工程建设信息化管理技术,对本工程的顺利实施提供了坚实的理论基础和技术保障。

第 2 章

低挤土劲性复合桩技术

2.1 概述

2.1.1 桩基类型

大型地下污水处理厂通常采用桩基础解决抗浮、不均匀沉降和土层承载力不足等问题。其中，预制桩和灌注桩是两种最基本的桩基础形式。

预制桩是在工厂制成各种材料、形式的桩，再运输至施工现场用沉桩设备将桩打入、压入或者振入土中至设计标高。由于预制桩的制作是在工厂完成的，可以根据施工环境和条件，选择适当的材料控制桩身强度。因此，预制桩桩身质量有很好的保证，施工效率高，适用于大面积的打桩工程。在我国，应用较多的预制桩主要是混凝土桩和钢桩两大类。混凝土预制桩能够承受较大的荷载，坚固耐用，施工速度也很快，因此得到了广泛的应用。由于预制桩属于挤土桩，当桩打入土层后，周围的土体受到挤压被挤密，从而提高了地基承载力。因此，预制桩的单位面积承载力较高。然而，打入预制桩的挤土效应容易引起周围地面的隆起，甚至还会出现相邻桩上浮的现象。在施工中，若采用锤击法或振动法沉桩，会产生较大的噪声，影响施工现场及周边环境。预制桩由于自身材料的原因，不易穿过较厚的坚硬地层，比较适合持力层上覆盖松软土层、没有坚硬夹层的地质条件。由于受到吊装机械设备能力的限制，单节桩的长度不宜过长，否则容易导致桩的垂直度不符合要求，甚至在打桩时会出现断桩的情形。上述预制桩的不足，需要在设计和施工过程中予以关注。

灌注桩是直接在设计桩位处成孔，然后在孔内放入钢筋骨架，再浇筑混凝土成桩。由于灌注桩适合任何地质条件，可以灵活调整桩长和桩径，因此是目前主要使用的桩型。灌注桩通常只根据使用期间可能出现的内力来配置钢筋，针对性强、用钢量少。灌注桩施工产生的噪声和振动都较小，对施工现场和周围环境的影响不大。然而，灌注桩也存在着许多不足。首先，为了增加单桩承载力，有时会采用大直径钻孔灌注桩。这类灌注桩的桩底沉积物不易清理，使得单桩承载力具有较大的离散性。其次，由于灌注桩在施工现场直接成桩，桩身的质量不易控制，容易出现缩颈、夹泥、露筋甚至断桩的情况。

综合考虑预制桩和灌注桩的优缺点，近些年，国内一些地区开始尝试其他类型的桩基础。劲性复合桩就是其中一种典型形式。劲性复合桩是一种将散体

桩、柔性桩和刚性桩复合施工形成的具有互补增强作用的桩。与预制桩和灌注桩相比,劲性复合桩具有如下优点:

（1）集成了预制桩、灌注桩、深层搅拌桩等技术的优点;

（2）对地质条件适应性强,可穿透各类夹层;

（3）桩端阻力及桩侧摩擦力较大,桩身承载力较高;

（4）施工工艺搅拌成孔后植桩,属非挤土工艺,噪声小,无泥浆污染,对周边环境影响小;

（5）成桩速度快,可提高工效、缩短工期、降低造价;

（6）内芯采用的高强预应力管桩在工厂预制,质量可靠,且植桩采用成熟的设备及工艺,易于操作;

（7）能够解决传统钻泥浆护壁孔灌注桩塌孔、沉渣控制难等问题。

2.1.2　桩基选择

针对上述预制桩、灌注桩、劲性复合桩或其他类型桩的技术特点,大型地下污水处理厂究竟采用何种桩型,需要综合考虑如下技术和经济因素:

（1）工程地质和水文地质条件;

（2）工程项目特点、荷载性质与大小;

（3）施工对周边环境的影响;

（4）施工场地和设备供应的有利条件或制约;

（5）施工安全、造价与工期等因素。

基于以往的工程经验,大型地下污水处理厂的桩基可以根据表 2-1 选择。

表 2-1　不同桩型的比较

比较项目	预制实心方桩	预制空心管桩	钻孔灌注桩	劲性复合桩
挤土效应	沉桩数量较多时,挤土效应明显,大面积桩基施工,对桩基位移影响较大	桩敞口空心,挤土效应比预制实心方桩有所减小,但对周边环境的影响不可忽视	无挤土效应	采用先施工水泥土搅拌桩,后植入竹节桩的工艺,挤土效应大大降低
沉桩方式及可能性	采用锤击法或静压法,沉桩深度有限制,需选择合适的沉桩设备（桩身穿越粉土、砂土等硬土层时较为困难）	桩身结构强度好,沉桩深度可较深（桩身穿越粉土、砂土等硬土层时较为困难）	沉桩无困难	沉桩较为容易

（续表）

比较项目	预制实心方桩	预制空心管桩	钻孔灌注桩	劲性复合桩
质量控制	质量易控制	桩身质量易控制，当桩型接头为焊接时，对焊缝要求高，大批量施工时对质量控制有一定的难度	桩身质量要求高，孔底沉渣不易清除干净，单桩承载力有一定变化，须采取严格质量保证措施	桩的垂直度和桩顶标高可以控制和调整，质量易控制
施工速度	桩头与水池底板连接时，需将桩头混凝土凿去 0.5 m，大量桩基施工较为费时	桩头与水池底板连接时，可用短钢筋焊在桩顶锚板上结合桩顶灌芯，施工速度快，进度有保证，发生事故率低	施工速度较慢，须防止塌孔，发生事故难处理	介于预制空心管桩和钻孔灌注桩二者之间
造价	基础造价经济，比灌注桩节约，每立方米混凝土提供的承载力高	基础造价经济性较好	基础造价相对较高，尤其是入土深度较大时	造价经济，比灌注桩节约，每立方米混凝土提供的承载力高
对周边环境的影响	沉桩震动及挤土效应对附近已有建筑物影响较大	影响相对预制方桩较小，但不可忽视	影响较小，主要是泥浆排放问题，控制不好较易污染环境	沉桩震动及挤土效应对附近已有建筑物影响较小

2.2 劲性复合桩技术现状

2.2.1 受力机理研究

为了进一步完善设计方法和施工工艺，国内外学者针对劲性复合桩的受力机理开展了大量的试验和理论研究工作，主要着眼于承载力及影响因素、荷载传递方式、"混凝土内芯-水泥土外芯-周边土体"的黏结性能和桩身参数（桩长和直径）的优化方法等方面。其中，"混凝土内芯-水泥土外芯-周边土体"的黏结性能是保证劲性复合桩承载能力的关键。

桩基承载力由桩侧阻力和桩端阻力组成，而桩侧阻力主要来自桩身与周边土体接触面的摩擦力，因此对于桩身与周边土体的接触面研究是桩基承载力研究的关键。与一般的预制桩和灌注桩不同，劲性复合桩包括混凝土与水泥土和水泥土与周边土体接触面两部分，桩侧阻力由这两个接触面的特性综合决定。构筑物的上部荷载主要由高强度的预应力管桩内芯承担，该荷载向下传递的同时,也逐步通过管桩周围的水泥土向周边土体扩散,形成了"内芯向外芯"和"外芯向周边土体"的双层扩散模式。这种双层扩散模式使得劲性复合桩的上部荷载有效传递范围远大于一般预制桩和灌注桩,提高了桩基的承载能力。并且,经过水泥土外芯扩散后,传递至桩土界面的摩擦力大大降低,有效防止了桩土界面剪切破坏的发生。

为了定量分析"混凝土内芯-水泥土外芯-周边土体"的黏结性能,浙江大学的周佳锦在其博士论文中开展了关于"混凝土-水泥土-砂土"接触面的剪切试验,一些关键结果总结于图 2-1 中。其中,"水泥土-砂土"接触面侧摩阻力随着水泥土与砂土相对位移的增大而增大。当相对位移较小时,增长幅度较大;当相对位移增加到某一程度时,增长幅度开始下降。最终,侧摩阻力与相对位移同时达到最大值,且侧摩阻力不再随着相对位移的增大而

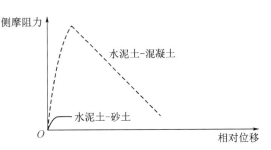

图 2-1 "水泥土-砂土"和"水泥土-混凝土"接触面侧摩阻力与相对位移的关系示意

继续增大。"水泥土-混凝土"接触面侧摩阻力则随着相对位移的增大而以较大幅度持续增大。但当相对位移达到一个临界值时,侧摩阻力将迅速下降。

除"混凝土内芯-水泥土外芯-周边土体"的黏结性能外,桩身刚度、挤土效应、水泥土强度和水泥土外芯厚度等参数也会对劲性复合桩的承载能力造成较为明显的影响。

首先,桩身刚度的提高能够在桩顶沉降相同的条件下降低桩身的压缩量。此时,桩身下部水泥土与周边土体产生较大的相对位移,桩侧摩阻力乃至桩端阻力得以充分发挥。

其次,劲性复合桩属于低挤土桩。工程实践表明,管桩内芯在压入或锤击过程中,水泥土或周边土体没有明显的挤出和隆起现象。因此芯桩的置入必然对水泥土,并进一步对周边土体产生挤密作用,有利于提升桩侧阻力。

再次,对于劲性复合桩而言,水泥土是"芯桩—水泥土—周(端)土"荷载传递路径的核心部分。水泥土强度决定了管桩内芯与水泥土外芯的黏结强度。只有确保水泥土的施工质量和水泥土的强度,才能有效传递荷载,发挥管桩内芯的

作用。

最后,随着水泥土外芯厚度的增加,劲性复合桩的直径也随之增加。此时,劲性复合桩所能承担的荷载增大,管桩内芯与水泥土界面摩阻力也随之增大。

2.2.2 设计方法研究

劲性复合桩的单桩竖向抗压承载力是该桩型设计中的重要内容,同时也是该桩型能否满足工程需要的关键因素。目前,国内涉及劲性复合桩单桩竖向抗压承载力计算的规范(程)主要包括:

(1)《混凝土芯水泥土组合桩复合地基技术规程》(DB13(J)50—2005);

(2)《刚性芯夯实水泥土桩复合地基技术规程》(DB13(J)70—2007);

(3)《加芯搅拌桩技术规程》(YB—2007);

(4)《劲性复合桩技术规程(江苏)》(DGJ32/TJ 151—2013);

(5)《劲性复合桩技术规程》(JGJ/T 327—2014);

(6)《水泥土复合管桩基础技术规程》(JGJ/T 330—2014)。

比较这 6 本规范的桩基抗压承载力计算,可以看出都是基于破坏模式的计算方法,但每本规范计算方法中的系数取值有所不同,如内外芯界面侧摩阻力和桩土界面侧摩阻力等,所以在设计时应根据适用的规范选择相应的计算方法及系数取值。各规范(程)都对单桩竖向承载力和桩基软弱下卧层承载力验算提供了计算公式。读者可以参考规范(程)中的具体条文,这里不再赘述。

2.2.3 施工工法研究

劲性复合桩的施工工法起源于植入式桩工法。为了解决传统预制管桩施工中出现的问题,日本从 20 世纪 60 年代末期,陆续开发了一系列以低振动、低噪声和无挤土效应为特点的植入式桩工法。这种工法在近一二十年得到广泛应用,在日本国内基本取代了打入法施工,并发展为高承载力植入式桩工法。植入式桩基的施工过程大致可以分为三步。首先,通过特质器械预先钻孔并形成扩大头端部。其次,向扩大头端部注入水泥浆并与桩端土充分搅拌形成大直径水泥土柱状体。最后,将预制桩或钢管桩沉入到该扩底水泥土中固化。上述植入式桩工法的典型代表包括日本开发的 HBM(High Bearing Method)工法和HMM(The Hyper-MEGA Method)工法等。

我国植入式桩起步较晚，2010 年国内企业在日本高承载力植入式桩施工方法的基础上，研究开发了静钻根植工法、劲性复合桩、高喷插芯组合桩和水泥土复合管桩等类似工艺。

2.3　低挤土劲性复合桩设计实践

2.3.1　桩基计算参数

在充分收集、研究劲性复合桩技术现状并总结已实施工程经验的基础上，上海白龙港污水处理厂提标工程（以下简称"本工程"）采用了"T-PHC C500-460 (110) 刚性桩＋ϕ700 水泥土搅拌桩[①]"的复合桩形式，如图 2-2 所示。

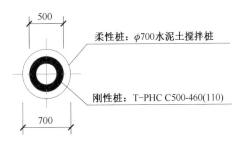

图 2-2　劲性复合桩详图（单位：mm）

根据《白龙港污水处理厂提标工程岩土工程勘察报告》（HK2016038-1），拟建场地地貌类型为潮坪地貌和古河道发育区。场地内地基土为第四纪全新世 Q34～上更新世 Q23 的沉积层，主要由填土、粉性土、淤泥质土、黏性土组成。各土层的桩侧及桩端极限摩阻力标准值（f_s 和 f_p）详见表 2-2。

表 2-2　桩侧及桩端极限摩阻力标准值

土层名称	静探 P_s /MPa	一般层顶埋深/m	预制桩		灌注桩		抗拔承载力系数 λ
			f_s /kPa	f_p /kPa	f_s /kPa	f_p /kPa	
②₃₋₁层黏质粉土	2.25	0.60～9.80	6 m 以浅 15		6 m 以浅 15		0.7
			6 m 以深 35		6 m 以深 30		0.7
②₃₋₂层砂质粉土	3.65	5.00～12.30	6 m 以浅 15		6 m 以浅 15		0.7
			6 m 以深 45		6 m 以深 35		0.7
②₃夹层淤泥质粉质黏土	0.59	2.95～5.70	6 m 以浅 15		6 m 以浅 15		0.7
			6 m 以深 20		6 m 以深 15		0.7
③层淤泥质粉质黏土	0.75	7.20～18.80	25		20		0.7

[①]　ϕ700 水泥土搅拌桩中的 ϕ700 是指直径为 700 mm，后同。

（续表）

土层名称	静探 P_s/MPa	一般层顶埋深/m	预制桩		灌注桩		抗拔承载力系数 λ
			f_s/kPa	f_p/kPa	f_s/kPa	f_p/kPa	
④层淤泥质黏土	0.78	13.00～24.00	25		20		0.7
⑤₁层黏土	1.04	20.60～31.40	35	700	30	350	0.7
⑤₃₋₁层粉质黏土夹粉土	1.43	28.50～38.50	55	1 200	45	500	0.7
⑤₃₋₂层粉质黏土与粉土互层	2.43	31.50～40.60	60	1 600	50	700	0.7
⑧₁₋₁层粉质黏土	1.63	34.00～47.50	65	1 700	55	1 000	0.7

2.3.2 桩基持力层选择

根据本工程的岩土工程勘察报告可以判断：

（1）第⑤₁层灰色黏土，呈流塑～软塑状态，压缩性高等，可考虑选用⑤₁层中下部作为桩基持力层和抗拔桩桩端土层；

（2）第⑤₃₋₁层灰色粉质黏土夹粉土，呈软塑状态，压缩性中等～高等，厚度较薄，工程性质一般；

（3）第⑤₃₋₂层灰色粉质黏土与黏质粉土互层，呈软塑状，中等压缩性，土质相对较好，但该层均匀性较差，局部该层厚度较大时，可考虑选用该层为桩基持力层和抗拔桩端部土层；

（4）第⑧₁₋₁层灰色粉质黏土，场地静探平均 $P_s = 1.63$ MPa，软塑，中等～高等压缩性，土质一般，分布稳定，厚度较大，可考虑选择该层作为桩基持力层和抗拔桩桩端土层。

基于上述考虑，并结合表 2-2 中的参数，对桩基进行了试算，最终将持力层定为第⑧₁₋₁层灰色粉质黏土层。

2.3.3 单桩竖向承载力计算

本工程中的单桩竖向承载力计算采用了《劲性复合桩技术规程》(JGJ/T 327—2014)。本规程对单桩竖向抗压承载力的计算分为散刚复合桩、柔刚复合桩和三元复合桩三种。其中，每一种又可分为短芯桩、等芯桩和长芯桩三种形式,如图 2-3 所示。

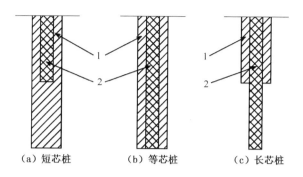

（a）短芯桩　　　　　（b）等芯桩　　　　　（c）长芯桩

图 2-3　柔刚复合桩构造示意

1—柔性桩;2—刚性桩

当劲性复合桩桩侧破坏面位于内、外芯界面时,单桩竖向抗压承载力特征值按式(2-1)估算:

短芯桩、等芯桩 $\qquad R_{\mathrm{a}} = u^{c} q_{\mathrm{sa}}^{c} l^{c} + q_{\mathrm{pa}}^{c} A_{\mathrm{p}}^{c}$ $\qquad$ (2-1)

长芯桩 $\qquad R_{\mathrm{a}} = u^{c} q_{\mathrm{sa}}^{c} l^{c} + u^{c} \sum q_{\mathrm{sja}}^{c} l_{j} + q_{\mathrm{pa}}^{c} A_{\mathrm{p}}^{c}$ $\qquad$ (2-2)

式中　R_{a}——劲性复合桩单桩竖向抗压承载力特征值(kN);

$\qquad u^{c}$——劲性复合桩内芯桩身周长(m);

$\qquad l^{c}$,l_{j}——劲性复合桩复合段长度和非复合段第 j 土层厚度(m);

$\qquad A_{\mathrm{p}}^{c}$——劲性复合桩内芯桩身截面积(m²);

$\qquad q_{\mathrm{sa}}^{c}$——劲性复合桩复合段内芯侧阻力特征值(kPa);

$\qquad q_{\mathrm{sja}}^{c}$——劲性复合桩非复合段内芯第 j 土层侧阻力特征值(kPa);

$\qquad q_{\mathrm{pa}}^{c}$——劲性复合桩内芯桩端土的端阻力特征值(kPa)。

当劲性复合桩桩侧破坏面位于外芯和桩周土的界面时,单桩竖向抗压承载力特征值按式(2-3)估算:

短芯桩、等芯桩 $\qquad R_{\mathrm{a}} = u \sum \xi_{si} q_{sia} l_{i} + \alpha \xi_{\mathrm{p}} q_{\mathrm{pa}} A_{\mathrm{p}}$ $\qquad$ (2-3)

长芯桩 $\qquad R_{\mathrm{a}} = u \sum \xi_{si} q_{sia} l_{i} + u^{c} \sum q_{\mathrm{sja}}^{c} l_{j} + q_{\mathrm{pa}}^{c} A_{\mathrm{p}}^{c}$ $\qquad$ (2-4)

式中　u——劲性复合桩复合段桩身周长(m);

l_i——劲性复合桩复合段第 i 土层厚度(m);

A_p——劲性复合桩桩身截面积(m²);

q_{sia}——劲性复合桩复合段外芯第 i 土层侧阻力特征值(kPa);

q_{pa}——劲性复合桩端阻力特征值(kPa);

α——劲性复合桩桩端天然地基土承载力折减系数;

ξ_{si}, ξ_p——劲性复合桩复合段外芯第 i 土层侧阻力调整系数和端阻力调整系数。

本工程采用的是长度为 31.0 m 的等芯桩,最终计算得到的单桩竖向抗压和抗拔极限承载力标准值分别为 1 900 kN 和 1 260 kN。

2.4 低挤土劲性复合桩高效施工

2.4.1 劲性复合桩施工工艺流程

根据设计方案,本工程采用水泥土搅拌桩作为柔性桩和预应力管桩作为刚性桩的劲性复合桩。总体施工流程为先柔性桩施工后刚性桩施工,如图 2-4 所示,具体施工工艺流程如图 2-5 所示。

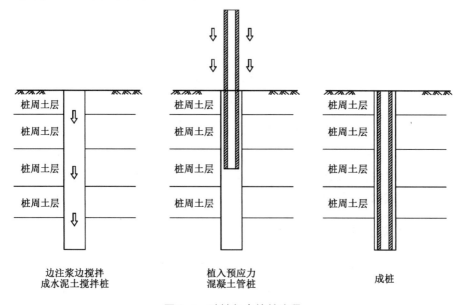

图 2-4 劲性复合桩总流程

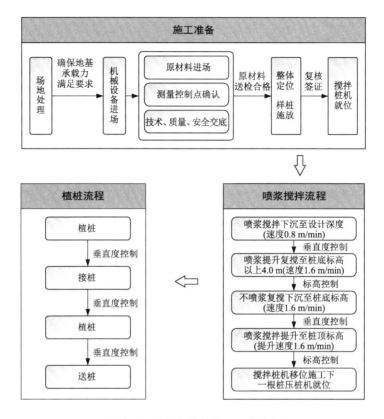

图 2-5　劲性复合桩施工工艺流程

劲性复合桩施工过程主要涉及场地平整、设备进场验收、测量定位、柔性搅拌桩施工和刚性预应力桩施工等过程。根据现有的场地情况,本工程劲性复合桩的施工需要首先利用搅拌桩机进行水泥土搅拌桩施工,随后利用静压桩机进行预应力管桩施工。由于搅拌桩机自身荷载较大、机身较高,在桩机正式进场前,需要平整场地,确保场地满足设备行走要求。本工程所在地处于沿海滩涂地区,因此设备正式进场前对整个施工场地进行了道砟回填加固。

设备进场验收合格后,对设备进行调试,随后对桩位进行定位放线。利用全站仪等设备,确保搅拌桩的钻头正对桩位中心,其水平偏差控制在 50 mm 以内。

搅拌桩施工完成后将搅拌桩机移位,并将静压桩机就位,再次对桩位进行确认。接着进行刚性桩的施工,刚性桩压桩机植桩与搅拌桩施工结束的时间间隔控制在 2 h 之内,以确保刚性桩的压入。

本工程的柔性桩和刚性桩分别为 φ700 水泥土搅拌桩和 T-PHC C500-460 (110)预应力混凝土异形桩。二者的关键施工参数分别如表 2-3 和表 2-4 所列。图 2-6 为各施工节点的现场照片。

表 2-3　柔性桩施工参数

序号	信　息	参　数
1	水泥掺量	15%
2	水灰比	1.0
3	下沉速度	0.8 m/min
4	提升速度	1.6 m/min
5	90 d 无侧限抗压强度	$q_u \geqslant 0.8$ MPa

注：底部 4 m 复搅时提升、下沉速度均为 1.6 m/min。

表 2-4　刚性桩施工参数

名称	桩长 /m	单桩竖向抗压承载力特征值/kN	单桩竖向抗拔承载力特征值/kN	刚性桩型号	灌芯钢筋	灌芯长度/m	桩距/m
劲性复合桩	28	1 340	600	T-PHC D500-460(110)	6φ16	3.0	2.35～2.5 m

(a) 场地处理

(b) 机械进场

(c) 原材料进场

(d) 控制点确认

(e) 搅拌桩机就位

(f) 搅拌下沉

(g) 搅拌提升　　　　　(h) 二次搅拌下沉　　　　　(i) 二次搅拌提升

(j) 压第一节桩　　　　　(k) 接桩　　　　　(l) 送桩

图 2-6　劲性复合桩施工工艺流程现场

2.4.2　劲性复合桩施工关键设备

劲性复合桩的柔性桩需要采用搅拌桩机施工,而刚性桩则需要采用植桩机施工。这两种机械设备体型均较大,对场地面积的要求较高。本工程单个柔性搅拌桩施工时长约为 1.5 h,而单根刚性桩压桩时长约为 0.5 h。刚性桩须在柔性桩施工后 6 h 内完成植桩。此外,考虑到施工过程中桩机尺寸和桩机移位等因素,采用 1 台 JNB800 型(YZY600 静压桩机改进型)静压桩机和 2 台 JB280 型(JB160A 型钻机改进型)搅拌桩组合作为一套机械设备的形式。

2.4.2.1　原有搅拌桩机改进

本工程采用的水泥土搅拌桩为 φ700 水泥搅拌桩,水泥掺量 15%、钻孔深度约 42.5 m 或 39.5 m。现有常规单轴搅拌桩机的高度不足,无法满足施工要求。因此,需要将原三轴搅拌桩机改造成劲性复合桩单轴搅拌桩机。

三轴搅拌桩施工设备由三轴搅拌桩机和配套设备组成。其中,三轴搅拌桩机主要由钻孔机和打桩架两部分组成,如图2-7所示。钻孔机主要包括动力头、钻杆、桩架和支撑架四部分。动力头用于提升导向机构,内含电机。钻杆主要有螺旋式和螺旋叶片式两种。打桩架主要有履带式和液压步履式两种。支撑架用于保证桩体满足垂直度要求。此外,设有制浆站、空压机和泵送机等配套设备。

图2-7 常规搅拌桩机构造

针对三轴搅拌桩的构造并基于工程需求,对市场上采购的JB160A型搅拌桩机进行如下改造:

(1)动力头、钻杆保持不变,对钻头及钻头喷浆口进行改进,如图2-8所示。由原来的下喷浆口改为上、下喷浆口,并通过钻杆的正转、反转来控制上、下喷浆口的开闭。从而通过钻杆上、下一次动作实现"二喷二搅"要求。

(a) 上喷浆口 　　　　　　　(b) 下喷浆口

图2-8 钻头喷浆口改进

(2)双通道上、下喷浆钻具,动力头部位增设改进过的双通道回转接头(图2-9);钻杆由原来的单通道钻杆,改为双通道钻杆(图2-10);带搅拌叶片的钻杆及钻头由原来的下喷浆口改为上、下喷浆口,通过两台压浆泵控制上、下喷浆口的开闭。从而通过钻杆上、下一次动作实现"二喷二搅"要求。

此外,还对配套设备进行了如下改造:

(1)对压浆泵的缸体和柱塞等结构进行改造,将原来的缸径由80 mm改为65 mm,下调泵送流量(改为35 L/min)使其能够泵送高稠度水泥浆。

(2)对自动拌浆系统进行改造,将原来二道过滤升级为四道过滤,保证高浓度浆液的泵送。

图 2-9　双通道回转接头示意　　　　图 2-10　双通道钻杆示意

通过改造以后，新型搅拌钻机命名为 JB280 型（JB160A 改进型）。

2.4.2.2　全自动后台设备

本工程通过在后台引入传感设备，实现了对浆液泥浆比重的自动化控制，如图 2-11 所示。在驾驶室内部可全程实时监控后台浆液自动配比、浆液流量自动控制、空压机启停和上、下喷浆口切换。

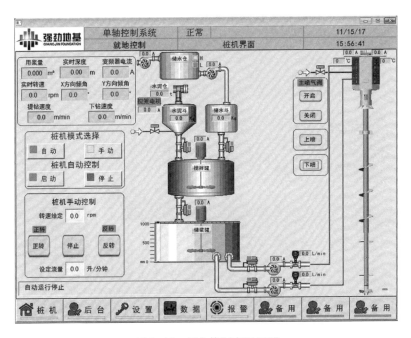

图 2-11　后台控制室显示屏

2.4.2.3 静压桩机系统

本工程中的静压桩机采用市场上已有的 YZY600 型植桩钻机并加装水平仪和倾角仪等传感设备。通过连接操作台上的 PLC 控制系统(图 2-12),基本实现了桩机定位及深度控制的自动化操作。加装的 GPS 定位模块可以有效提高桩位的定位精度和施工工效,为成桩质量的提高创造了良好的前提条件。

图 2-12 植桩钻机控制系统

2.4.3 劲性复合桩施工关键技术

2.4.3.1 劲性复合桩施工流程

本工程的柔性桩为 φ700 水泥搅拌桩,采用"二喷二搅"的施工工艺。搅拌桩下沉和上提速率分别控制在 0.5~0.8 m/min 和 1.0~1.6 m/min,下沉和上提注浆量分别控制为 70% 和 30%。刚性桩采用 T-PHC-D500-460(110)预应力混凝土异型桩,共计 12 355 根。桩基施工由西向东进行,如图 2-13 所示。共布置 8 套施工设备,每套设备包含 1 台静压桩机、2 台搅拌桩机和 1 台吊机。

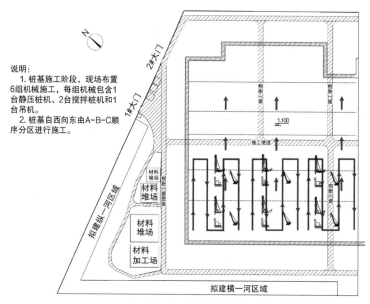

图 2-13 桩机施工总体布置

2.4.3.2 柔性搅拌桩施工技术

柔性搅拌桩的总体施工流程为"测量放线—搅拌机就位—配置水泥浆—一次喷浆搅拌—二次喷浆搅拌提升"。以下就流程中的一些关键环节进行简要阐述。

1. 场地平整

设备进场前,必须先进行场地平整。清除施工区域内的表层硬物,道砟回填夯实。路基承重荷载以能行走重型桩架为准,必要时铺设路基箱。

2. 测量放线

根据提供的坐标基准点,按照设计图纸进行放样定位及高程引测工作,并做好永久及临时标志,如图 2-14 所示。放样定线后做好测量技术复核单,提请监理进行复核验收签证,确认无误后进行搅拌桩施工。

3. 桩机就位

桩机移动过程中注意各个方向的场地情况,发现障碍物应及时清除。桩机移动结束后认真检查定位情况并及时纠正。用线锤对立柱进行定位观测以保证桩机的垂直度。在立柱的垂直方向上采用 2 台经纬仪校核桩架的垂直度,确保桩的施工满足规范要求,如图 2-15 所示。水泥土搅拌桩桩位定位后再进行定位复核,桩位偏差值应小于设计值。

图 2-14 测量定位

图 2-15 桩机就位

4. 搅拌和注浆

水泥土搅拌桩在下沉和提升过程中均应注入水泥浆液,同时严格控制下沉和提升速度及注浆量。搅拌提升时不应使孔内产生负压造成周边地基沉降。在桩底部分适当持续搅拌注浆,做好每次成桩的记录。

5. 制备水泥浆液及浆液注入

在施工现场搭建拌浆施工平台,并在平台附近搭建水泥库。开钻前对拌浆工作人员做好交底工作。搅拌桩采用P.O.42.5普通硅酸盐水泥,水泥浆液的水灰比为0.8。现场通过泥浆比重计检测水泥浆比重的方式控制水灰比,保证每立方搅拌水泥土水泥用量到达设计要求。拌浆及注浆量以每钻的加固土体方量换算,浆液流量以浆液输送能力控制。搅拌土体90 d无侧限抗压强度不小于0.8 MPa。

6. 喷浆搅拌下沉

钻头对准桩位点后,启动钻机下钻。刚接触地面时,钻进速度要慢,下钻速度要平稳,严防钻进中钻机倾斜错位。施工过程中要用经纬仪校正垂直度(≤0.5%)。搅拌下沉速率应根据地质情况确定,确保主机负荷在允许范围内。钻杆保持匀速下沉和提升。提升时不应在孔内产生负压造成周边土体的过大扰动。搅拌次数和搅拌时间应能保证成孔质量,并在保证成孔质量的前提下选择合适的钻孔速度。搅拌下沉现场如图2-16所示。

7. 搅拌提升

当搅拌桩下沉至设计标高以后,停止下沉并持续搅拌1.0 min后开始

图2-16 喷浆搅拌下沉

搅拌提升。提升时注入水泥浆并反复喷浆搅拌,待水泥浆喷射完毕且搅拌钻机的电流接近空载电流后,边搅拌边快速提出钻杆,如图2-17所示。

2.4.3.3　刚性桩施工技术

本工程劲性复合桩的刚性桩采用的是 T-PHC-D500-460(110)预应力混凝土异性桩。刚性桩总长 28 m,施工中分为 15 m 和 13 m 两段。抗压试桩单桩竖向抗压极限承载力标准值为 3 600 kN,抗拔试桩单轴竖向极限承载力 1 450 kN。《劲性复合桩技术规程》(JGJ/T 327—2014)要求刚性桩在柔性桩施工完成后 6 h 内施工,本工程控制在 2 h 以内。

刚性桩的总体施工流程为"定位复核—静压桩机就位—预制桩起吊—压桩—接桩—压第二节桩—送桩—桩机移位"。以下就流程中的一些关键环节进行简要阐述。

图 2-17　喷浆搅拌提升

1. 定位复核

当搅拌桩机移机施工下一根搅拌桩时,将静压桩机就位并定位调直。再次放线进行刚性桩定位,中心误差控制在 10 mm 以内。

2. 静压桩机就位

静压桩机就位时应对准桩位中心。启动平台支腿油缸,校正平台处于水平状态,随后利用线锤再次确认桩位位置,如图2-18所示。

3. 起吊桩

由起重机采用两点起吊的方式将桩平移至桩架前,然后单点起吊,如图2-19所示。

图 2-18　刚性桩定位

图 2-19　刚性桩起吊

4. 压桩

用钢丝绳绑住桩身单点起吊,小心移入桩机。然后调平桩机,开动纵横向油缸移动桩机调整对中。同时,在桩机不受影响的范围内,成 90°方向设置经纬仪各一台控制校准垂直度,偏差控制在 1/450 以内。通过桩机导架的旋转和滑动进行调整,确保竹节桩位置和垂直度符合要求后压桩,如图 2-20 所示。若出现如下情况:①柔性桩施工完成 6 h 内未压入刚性桩;②压入刚性桩后发现垂直度偏差大且拔出重新压入超过 6 h;需要用搅拌桩机对原桩位进场复搅,在 6 h 内重新进行刚性桩的施工。

图 2-20　刚性桩压桩

当第一节桩入土 30～50 cm 后检查和校正垂直度。开动压桩装置,保持连续压桩并控制压桩速度。压桩应连续进行且同一根桩中间间歇时间不宜超过 30 min。压桩过程中要认真记录桩入土深度和压力表读数关系,以判断桩的质量及承载力。

5. 接桩

本工程采用新式螺琐式机械连接接头(图 2-21)。接桩时仅需将螺琐安装后在桩端涂刷环氧树脂将上、下两节桩连接即可。这种连接方式可以使接头在短时间内便可达到设计强度。

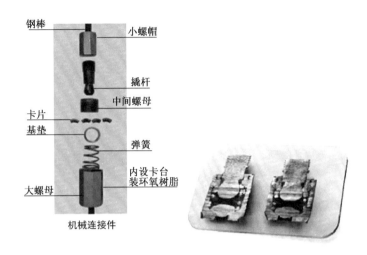

图 2-21　刚性桩接头示意

接桩时,固定端大螺帽朝上(连接端安装弹簧、垫片、卡片和中间螺母),张拉端小螺帽朝下。螺帽放置完毕后方可将桩起吊,并在到位后安装插杆。安装插杆后用专用把手拧紧,并用专用卡板检查插杆的安装高度,保证安装尺寸在允许误差范围内。卡扣安装步骤如表 2-5 所列。

表 2-5　卡扣安装具体步骤

步骤	内　　容
第一步	卸下下节桩端的保护装置,并清理接头残物
第二步	将插杆安装在上节桩张拉端的小螺帽上,在下节桩的固定端大螺帽里安装弹簧、垫片、卡片及中间螺帽;用专用检测工具检测中间螺帽端面与插杆平台距桩端面深度
第三步	在下节桩端面涂抹不少于 50 g 的专用密封材料,如图 2-22 所示;密封材料由环氧树脂和固化剂按照一定的比例调配而成;操作时间控制在 2 min 以内,初凝时间不超过 6 h,终凝时间不超过 12 h
第四步	在专人指挥下,将插杆与中间套的轴线移到同一条直线上,缓缓插入并避免碰撞;插接后密封材料宜溢出接口;接口无缝隙;因施工因素造成临时停滞的,应在密封材料拌制后 4 h 内使用完毕

6. 压第二节桩及送桩

当第二节桩压下至快要结束时,在桩顶覆盖一小模板保护桩头。随后将送

图 2-22　接桩过程在下节桩端面涂抹专用密封材料

桩器压在上节桩头,继续将第二节桩压至设计标高。每一节桩应一次性连续压到底,接桩和送桩应连续进行,中间停歇时间不得超过 30 min。送桩时应预先算好送桩深度,在送桩器上作出明显标识。用水准仪严格控制送桩深度,保证桩顶标高的偏差小于＋50 mm,且不允许出现负偏差。

2.4.3.4　高密度群桩低挤土施工技术

本项目的劲性复合桩总数为 12 355 根,平均桩距仅为 2.0~2.5 m。短时间内如此大面积、大密度的群桩施工较为罕见。为充分控制桩基施工过程对周边环境的影响,保证桩基施工质量,针对桩基施工可能产生的群桩挤土效应等问题,制订了由西往东的施工顺序,并采取"一跳一"(本桩施工完成后,间隔一根桩)的施工方法。在柔性桩施工阶段,采用新型搅拌桩机械将部分土体取出以减少土体侧压力,保证桩基施工过程中土体有效应力的释放。

2.4.4　劲性复合桩施工质量控制

劲性复合桩的施工质量直接关系到地基加固的成效,从而进一步影响上部主体结构的稳定性。本工程劲性复合桩施工存在如下几个难点:

(1) 劲性复合桩数量多;

(2) 劲性复合桩质量控制项目多;

(3) 工期紧,需要连续施工;

(4) 施工时对土体有扰动,桩体质量波动大。

针对这些难点,制定质量控制的重点如表 2-6 所列。

表 2-6　劲性复合桩施工质量控制点设置

部位	质量控制内容
柔性桩(搅拌桩)	泥浆配比
	搅拌桩垂直度
	搅拌桩下沉和提升速度
刚性桩	构件质量
	构件插入时间
	构件插入垂直度
	接桩质量

2.4.4.1　柔性桩的质量控制

1. 搅拌桩的垂直度

搅拌桩的垂直度直接影响后续刚性桩的插入和桩身的完整性,因此机头的中心定位及钻杆桩架的垂直度是关键的两个参数。本项目桩机型号为 JB160A(智平)和 JB280(强劲)各 8 台,均具有垂直度自动监测和调整功能。在桩机就位后检查机头是否已经正确对正桩位轴线,并在两个互成 90°方向上设置经纬仪各 1 台,随时复核搅拌桩施工过程中桩架的垂直度,以确保搅拌桩的垂直度符合设计要求。

2. 水泥浆液

水泥浆液的质量对搅拌桩成桩质量起着关键作用,水泥浆液的质量控制包括浆液制备和注浆两个环节。其中,制浆环节通过现场实测水泥浆液比重检查水泥浆液的水灰比能否达到0.8～1.0 的设计要求,如图 2-23 所示。注浆阶段主要检查:①浆液拌注设备及有关计量设备的完好性;②管路接头的密封性;③注浆压力、提升和下沉速度;④水泥浆中的水泥掺量。

3. 搅拌桩下沉和提升速度

搅拌成桩施工过程中需要将桩机钻头的下沉和提升速度分别控制在 0.6～0.8 m/min 和 1.0～1.6 m/min 的范围内。为

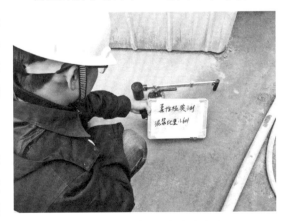

图 2-23　实测水泥浆浆液比重

确保水泥土充分搅拌,必须严格做到二次喷浆。钻头下沉到设计要求的深度后,在提升桩机旋转杆的同时启动注浆泵开始喷浆,在桩底部位重复搅拌注浆,并由专人负责记录(表2-7)。施工过程中如因故停止注浆,必须将钻头下沉至停浆点以下 1.0 m,待恢复供浆开泵时再喷浆提升。

表 2-7　搅拌桩施工记录示例

桩号	桩长	泥浆比重	下沉速度	提升速度	累计流量	水泥用量
C3-562	30 m	1.52	0.7 m/min	1.5 m/min	3 790 L	2.88 t

2.4.4.2　刚性桩的质量控制

本项目劲性复合桩中的刚性桩为预应力混凝土异型桩(竹节桩),每根整桩由上、下两节桩拼接而成。根据设计要求,桩基长度各异,分别为 18,20,21,23,24,25,28 m。

1. 构件质量

刚性桩一般为预制构件,为确保质量和供货进度,监理组织对生产厂家进行了实地考察。通常,刚性桩的生产工艺如图 2-24 所示。在这些工序中,重点考察了高压蒸汽养护环节,保证经过 10 个大气压和 180℃ 左右的蒸压养护后,刚性桩的混凝土强度等级能够达到 C80。同时确认了企业的生产资质、公司人员设备、产能情况、质量管控文件和现场管理文件等情况,并要求企业提供上海市混凝土预制品检测机构出具的质量检测报告。

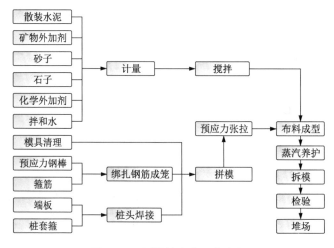

图 2-24　刚性桩生产工艺流程

　　刚性桩进场后进行进场检查,如图 2-25 所示。着重检查每批进场桩的产品出厂合格证和出厂龄期(含混凝土强度和钢筋复试等报告),并对照表 2-8 和表 2-9 进行刚性桩外观质量和尺寸允许偏差的检查。验收合格后,监理部门填写检查记录,并在施工单位上报的《工程材料/构配件/设备报审表》上签字确认。经过上述检查后,该批桩才可以用于本工程。

图 2-25　刚性桩进场检查

表 2-8　刚性桩外观质量要求

项目	外观质量要求
黏皮和麻面	局部黏皮和麻面累计面积不得大于桩总外表面的 0.5%;每处黏皮和麻面的深度不得大于 5 mm,且应修补
桩身合缝漏浆	漏浆深度不大于 5 mm,每处漏浆长度不得大于 200 mm,累计长度不大于离心桩长度的 8%,或对称漏浆的搭接长度不大于 100 mm,且应修补
局部磕损	局部磕损不大于 5 mm,每处面积不得大于 1 600 mm^2
内外表面露筋	不允许
表面裂缝	不得出现环向和纵向裂缝,但龟裂、水纹和内壁浮浆层中的收缩裂纹不在此限
桩端面平整度	机械连接竹节桩端面混凝土应平整,上螺下顶接桩扣不得高出端面
断筋、脱头	不允许
内表面混凝土塌落	不允许
护角套距桩端面	护角套距桩端面距离必须低于桩端面 3 mm,漏浆深度不应大于 5 mm,漏浆长度与面积不得大于 1/6,且应修补

表 2-9　刚性桩尺寸允许偏差

项　目		允许偏差/mm
长度(L)		±0.5%L
端部倾斜		≤0.4%D
外径(D)	≤600 mm	±5
	>600 mm	+3
壁厚(t)		+20
保护层厚度		+5
桩身弯曲度		≤L/1 000,且≤30
端面混凝土平面度		±0.2

2. 沉桩控制

刚性桩桩身定位主要依赖于上道工序中的搅拌桩定位。因此,在刚性桩施工前,施工人员必须对搅拌桩的中心位置进行标识、复核,如图 2-26 所示。监理应认真核对现场位置及搅拌桩的原始施工记录和监理的旁站记录。确认无误后,方可进行刚性桩的沉桩作业。

图 2-26　搅拌桩标高、垂直度复核

沉桩时,应重点检查固定端大螺帽是否朝上、张拉端小螺帽是否朝下。吊装到位后方可安装插杆。安装插杆后用专用把手拧紧,插杆的安装高度应符合施工要求并用专用卡板检测。桩身垂直度偏差不应超过 0.5%,首节沉桩插入地面时的垂直度偏差不应超过 0.3%。出现偏差时不得使用扳桩纠偏,以防桩身开裂。禁止采用将上、下节桩轴线形成夹角的方法调整上节桩的垂直度。严禁采用刚性桩代替送桩器。送桩前,要求施工单位在桩顶放置与桩外径或边长相同、厚度不小于 10 mm 的垫板,使桩芯不被土体堵塞,以利于后续桩内灌芯钢筋笼施工。沉桩过程中,若出现贯入度反常、桩身倾斜、位移、桩身或桩顶破损等异常情况时,必须立即停止沉桩,及时查明原因并实施有效措施后方可继续施工。单节桩必须一次性连续沉桩到位。接桩和送桩应连续进行,中间停歇时间不应超过 30 min。送桩后,施工单位应及时采取封堵桩孔措施,避免出现安全隐患。

3. 接桩控制

接桩过程应重点检查桩两端制作的尺寸偏差及连接卡扣件。在施工人员卸下上、下节桩两端的保护装置清理接头残物后,监理检查接头残物是否清理干净,如图 2-27 所示。刚性桩上、下两节桩的连接采用"上螺—下顶—接桩卡扣"的方式连接,如图 2-28 所示。接头用环氧树脂与固化剂按照 1∶0.2 的比例配制的专用密封材料进行密封。接桩完成后参考表 2-10 进行各项指标的检查。

图 2-27　接桩质量检查

图 2-28　接桩卡扣连接

表 2-10　接桩安装尺寸允许偏差

项目	深度/mm	允许偏差/mm	测点数
连接大螺母距桩端面深度	4.0	±0.3	按连接大小螺帽个数
连接小螺母距桩端面深度	3.0	±0.3	
插杆平台距桩端深度	1.5	±0.5	按插杆个数
中间螺帽端面距桩端深度	1.5	±0.5	按中间螺帽个数

2.5　低挤土劲性复合桩实施效果

2.5.1　群桩挤土试验及挤土效应

2.5.1.1　试验目的

为了本工程的桩基施工质量,同时也为了进一步分析劲性复合桩的施工对周围环境的影响,开展了现场监测试验。基于工地的实际情况,在距离工程桩 2.5 m(1 倍桩径)至 30 m(12 倍桩径)范围内布置了若干观测孔,如图 2-29 所示。通过预埋的设备对压桩过程进行了现场跟踪监测。基于监测数据,对柔刚劲性复合桩施工工艺引起的挤土位移、土体分层沉降和孔隙水压力随时间的变化规律进行了研究。

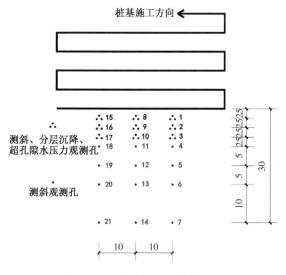

图 2-29　观测孔布置(单位：m)

2.5.1.2 监测方法

1. 土体测斜

采用北京通联四方科技有限公司生产的 TL-06C 测斜仪测量土体的倾斜，仪器分辨率为 0.02 mm。测量前首先采用钻孔法埋设测斜管，孔深 45 m。测斜管采用直径 70 mm 的 PVC 塑料管，钻好孔后吊入测斜管，并利用泥球充填。待测斜管埋设完毕，回填中粗砂。

测试时，测斜管管顶位移采用经纬仪或全站仪布网进行测定。管内由测斜探头滑轮沿测斜导槽逐渐下放至管底，配以伺服加速度式测斜仪。自上而下每隔 0.5 m 测定该点的偏移角。然后将探头旋转 180°，在同一导槽内再测量一次，形成一个测回。根据一个测回的结果，通过叠加推算各点的位移值。为确定各个测点的初始值，当测斜管埋设稳定后，在开挖前进行两个测回的观测。其平均值作为测点的初始值。施工过程中的日常监测值与初始值的差为累计水平位移量，本次值与前次值的差值为本次位移量。计算公式为

$$\begin{cases} \Delta X_i = X_i - X_{i0} \\ X_i = \sum_{j=0}^{i} L \sin \alpha_j = C \sum_{j=0}^{i} \left(A_j - B_j \right) \end{cases} \quad (2-5)$$

式中　ΔX_i ——i 深度的累计位移（精确至 0.1 mm）；

　　　X_i ——i 深度的本次坐标（mm）；

　　　X_{i0} ——i 深度的初始坐标（mm）；

　　　A_j ——仪器在 0°方向的读数；

　　　B_j ——仪器在 180°方向的读数；

　　　C ——探头的标定系数；

　　　L ——探头的长度（mm）；

　　　α_j ——倾角。

2. 超孔隙水压力

超孔隙水压力监测点布置在水压力变化影响深度范围内。每个监测点安装两个振弦式超孔隙水压力计。超孔隙水压力计埋设的钻孔直径宜为 100～130 mm，并且保持钻孔圆直、干净。观测段内应回填透水填料，并用膨润土球或注浆封孔。当单个孔内埋设多个超孔隙水压力计时，其间隔不应小于 1.0 m，并采取措施确保各个元件间的封闭隔离。压力计的埋设可以采用两种方法。

一种是单孔中埋设多个压力计,主要步骤如下:

(1) 钻孔到设计深度;

(2) 放入第一个超孔隙水压力计,可采用压入法至要求深度;

(3) 回填膨润土泥球至第二个超孔隙水压力计位置以上 0.5 m;

(4) 放入第二个超孔隙水压力计,并压入至要求深度;

(5) 回填膨润土泥球。

以此反复,直到最后一个压力计。

另一种是一个钻孔中只埋设一个压力计,主要步骤与第一种方法类似。该方法的优点是埋设质量容易控制,缺点是钻孔数量多,比较适合于能提供监测场地或对监测点平面要求不高的工程。

压力计埋设结束后宜逐日定时连续量测一周,取 3 次稳定测值的平均值作为初始超孔隙水压力的测试频率。振弦式孔隙压力的计算公式如下:

$$P = K(f_i^2 - f_0^2) + b(T_i - T_0) \tag{2-6}$$

式中　P ——被测超孔隙水压力值(MPa);

　　　K ——仪器标定系数(MPa/Hz²);

　　　f_0 ——超孔隙水压力计初始(安装前)频率(Hz);

　　　f_i ——超孔隙水压力计实时频率(Hz);

　　　b ——超孔隙水压力计(带测温)的温度修正系数 (MPa/℃);

　　　T_i ——超孔隙水压力计的实时温度(℃);

　　　T_0 ——超孔隙水压力计的初始(安装前)温度(℃)。

3. 土体分层沉降

土体分层沉降的测量系统包括两个部分:①地下材料埋入部分,由沉降导管和底盖、沉降磁环组成;②地面接收仪器(钢尺沉降仪),由测头、钢尺电缆、接收系统和绕线盘等部分组成,如图 2-30 所示。系统的安装方法为:

(1) 用 φ108 钻头钻孔,为了使管子顺利地放到底,钻孔应比最下面一个磁环深 1.0 m;

图 2-30　土体分层沉降测量系统

（2）钻至预定位置后，将泵接到清水里向下灌清水，直至泥浆水变成清浑水为止；

（3）按照设计要求，在沉降管的预定位置安装具有倒刺钢片的磁环，要求磁环可在两个接头之间自由滑动，但不能穿过接头；

（4）将装配好的沉降管放入钻孔中，用力将沉降管压到孔底，并将沉降管向上拔出 1 m，确保所有磁环均安装到设计高程，且位于各段沉降管的中间位置；

（5）抓住沉降管使之不会下沉，然后开始回填，回填过程中应适当加水，使磁环与孔壁土体的连接更加牢固；

（6）回填结束后待稳定一段时间，首先测出管口（管底）高程，然后从管口（管底）用沉降仪进行首次观测，首次测试应进行 2～3 次，取这几次的平均值确定磁环的初始高程。

土体分层沉降测量原理如图 2-31 所示。测量时，拧松绕线盘后面的止紧螺丝，让绕线盘转动自由，按下电源按钮（电源指示灯亮）。把测头放入沉降管内，手拿钢尺电缆，让测头缓慢地向下移动。当测头接触到土层中的磁环时，接收系统的音响器便会发出连续不断的蜂鸣声。此时读出钢尺电缆在管口处的深度尺寸，并逐步测量到孔底。这一过程称为进程测读。进程测读完成后，在导管内慢慢收回钢尺电缆。当通过土层中的磁环时，接收系统的音响器同样发出音响，此时读出测量电缆在管口处的深度尺寸，并逐步测量到孔底。这一过程称为回程测读。根据进程和回程的读数，该孔各磁环在土层中的实际深度可用式（2-7）计算：

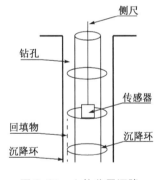

图 2-31　土体分层沉降
测量示意

$$S_i = \frac{J_i + H_i}{2} \qquad (2-7)$$

式中　i——孔中测读的点数，即土层中磁环个数；

　　　S_i——i 测点距管口的实际深度（mm）；

　　　J_i——i 测点在进程测读时距管口的深度（mm）；

　　　H_i——i 测点在回程测读时距管口的深度（mm）。

2.5.1.3　数据分析

1. 土体深层水平位移数据分析及结论

图 2-29 中的 1 号、4 号和 7 号测点的土体深层水平位移检测结果如图 2-32 所示。可以看出，1 号测点的水平位移最大，4 号次之，而 7 号测点的水平位移最小。因此，测点的水平位移值随着单桩径向距离的增大而减小。综合其他孔位数据可知，产生位移的土体深度为地下 8～30 m 段，压桩引起的土体位移在压桩结束的 24 h 内有较大回弹，且在接下来的静置期间继续缓慢回弹。距离压桩 10 m 以外的孔在整个压桩过程中位移变化不大，并能在较短时间内产生回弹。

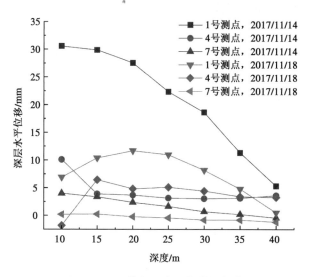

图 2-32　土体深层水平位移累积值

2. 土层分层沉降分析及结论

图 2-29 中的 1 号、4 号和 7 号测点的土层分层沉降累积值如图 2-33 所示。可以看出，1 号和 4 号测点产生了较为明显的沉降，而 7 号测点基本没有出现沉降。因此，与水平位移的结论类似，土层分层沉降值也随着单桩径向距离的增大而减小。综合其他孔位数值可知，在压桩结束后，距离压桩位置 2.5 m 处埋深 5 m 的孔发生最大沉降为 40 mm，且在压桩结束后整体情况趋于平稳。劲性复合桩施工引起的土体沉降在压桩之后的 24 h 内达到最大。

3. 超孔隙水压力监测结论分析

图 2-29 中的 1 号、4 号和 7 号测点的超孔隙水压力监测结果如图 2-34 所

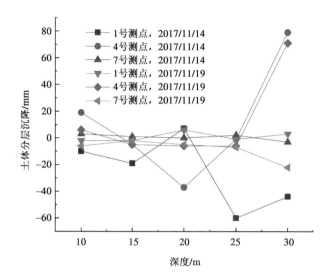

图 2-33　土体分层沉降累积值

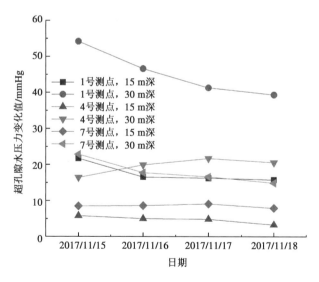

图 2-34　超孔隙水压力变化曲线

示。可以看出,单桩压桩完成当日,不同埋深处超孔隙水压力均产生较大变化。通过对比各孔 15 m 和 30 m 埋深处的压力传感器可以看出,30 m 埋深处压力变化均大于 15 m 埋深处。随着径向距离的增加,劲性复合桩施工引起的超孔隙水压力越来越小。

2.5.2　桩基施工质量监测及效果

本工程在桩基施工完成后,请第三方上海勘测设计研究院对本工程中的 12 355 根劲性复合桩的施工质量进行了检测。检测结果显示,本工程桩基检测合格率为 100%。其中 Ⅰ 类桩(桩身完整)共计 11 523 根,Ⅱ 类桩(桩身有轻微缺陷,不影响桩身结构承载力的正常发挥)共计 832 根,Ⅲ 类桩(桩身有明显缺陷,对桩身结构承载力的有影响)共计 0 根。

2.6　本章小结

劲性复合桩是一种将散体桩、柔性桩和刚性桩复合施工形成的具有互补增强作用的桩。与常规预制桩和灌注桩相比,具有地质条件适应性强、桩身承载力较高、环境污染小、成桩速度快等优点。本章详细阐述了低挤土劲性复合桩设计、施工技术和质量控制要点,及其在上海白龙港污水处理厂提标工程中的应用。为确保桩基的施工质量、评估施工过程对周围环境的影响,开展了群桩挤土试验。通过预埋设备对压桩过程进行了现场跟踪监测。基于监测数据,对柔刚劲性复合桩施工工艺引起的挤土位移、土体分层沉降和孔隙水压力随时间的变化规律进行了研究。试验结果表明:

(1) 压桩引起的土体位移在压桩结束的 24 h 内有较大回弹,且在接下来的静置期间继续缓慢回弹;

(2) 劲性复合桩施工引起的土体沉降在压桩之后的 24 h 内达到最大;

(3) 随着至桩基径向距离的增加,劲性复合桩施工引起的超孔隙水压力越来越小。

第 3 章

大规模深基坑无内支撑开挖技术

3.1 概述

3.1.1 地下污水处理厂深基坑特点

地下污水处理厂将水处理构筑物设置于地面以下,而操作检修层设置于水处理构筑物之上,形成两层的地下空间形式。由于这些水处理构筑物及操作层层高一般比较大,因此地下污水厂建设往往对应着大规模深基坑的设计与施工问题。由于构筑物及所处环境的特殊性,地下污水处理厂深基坑具有与其他类型深基坑的不同特点。

(1)基坑面积巨大。污水处理厂一般由多个污水处理设施构成,如生物反应池、二次沉淀池等。一般污水处理厂的污水处理设施平面尺寸可达到 100 m×100 m 以上。以上海白龙港地下污水厂为例,其中一座生物反应池的平面尺寸达 150 m×127 m。地下污水处理厂需要将所有污水处理设施集中到一起,因此整体基坑规模更大。例如,上海白龙港地下厂基坑平面尺寸达 515 m×288 m。

(2)基坑深度大。对于一般地上污水处理厂,埋置深度最大的生物反应池基坑深度多在 4~7 m。地下污水处理厂所有水处理设施及操作层均位于地下。因此,基于水处理工艺及设备操作的需要,地下污水处理厂的基坑开挖深度一般在 10 m 以上。图 3-1 为上海白龙港地下污水处理厂构筑物的主要剖面。这是一个典型的双层式地下污水处理厂。地下一层层高 5.4 m,为操作及检修平台;地下二层层高 8.2 m(含底板厚度),为水处理层。此外,鉴于地下污水处理厂顶面地面绿化的要求,顶板以上还有 2 m 覆土。同时,考虑现场实际标高低于设计标高,最终将该区域基坑开挖深度定为 14.5 m。

(3)内部结构不利于水平支撑设置。对于软土地区深基坑,如果采用水平内支撑支护,支撑竖向间距一般在 3~5 m。由于地下污水处理厂结构的特殊性,楼板间距一般会超过 5 m,坑内结构施工阶段很难利用楼板换撑。同时,污水处理设施内部隔墙多,水平支撑会穿过隔墙。如果支撑无法提前拆除,施工中需要在隔墙上留出洞口,待支撑拆除后封堵,施工难度较大。

(4)基坑周边环境相对简单。污水处理厂由于功能特殊性,一般建在城市郊区。新建污水处理厂周边存在既有建筑或隧道等重要保护设施的可能性较小。

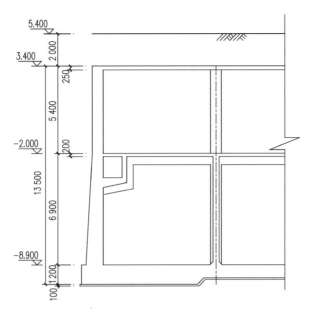

图 3-1 上海白龙港地下污水处理厂构筑物典型剖面(单位: mm)

改扩建项目一般在既有厂区内部,可能受影响的主要是厂内建构筑物或地下管线。因为这些建构筑物或管线绝大多数是附属于污水处理厂的,便于协调搬迁或在选址时避开。因此,地下厂基坑需保护设施相对较少,环境条件相对简单。

从以上地下污水处理厂基坑的特点可以看出,对于软土地区的地下污水处理厂基坑采用水平支撑围护形式存在较多问题。首先,地下污水处理厂基坑面积巨大,水平支撑体系复杂、造价高昂。其次,地下污水处理厂深度大、层数少,缺乏换撑条件。最后,大面积基坑水平支撑施工周期长,造成基坑开挖及地下构筑物施工不便,对工期紧张的工程项目很难适用。

为了解决上述问题,可以采用无支撑支护的形式。但诸如重力挡墙、排桩或型钢水泥土搅拌墙等传统无支撑支护无法满足软土地区深基坑的稳定、变形及内力控制要求。因此,对于软土地区的地下污水处理厂深基坑,需要采用新型无支撑支护形式。

3.1.2 大规模深基坑支护技术概况

经济的持续发展和城市化进程的加快对城市地下空间开发提出了更高的要

求。地下工程项目的规模也随之越来越大,出现了许多大规模深基坑工程。例如,上海虹桥综合交通枢纽工程基坑面积超过 15 万 m^2。再如,天津市 117 大厦基坑面积约 9.6 万 m^2。对于大规模深基坑工程,目前已形成了以围护桩(墙)结合内支撑和围护桩(墙)结合锚杆两种主要支护形式。其中,在传统围护桩(墙)结合内支撑支护体系基础上又发展出中心岛支护和逆作法支护等支护结构形式。

在围护桩(墙)结合内支撑支护形式中,内支撑系统由水平支撑和竖向支撑两部分组成。水平支撑主要包括围檩和水平支撑,而竖向支撑主要包括立柱和立柱桩。一个典型的内支撑系统如图 3-2 所示。水平支撑是平衡围护墙外侧水平作用力的主要构件,要求传力直接、平面刚度大且分布均匀。钢立柱及立柱桩的作用是保证水平支撑的纵向稳定,加强支撑体系的空间刚度和承受水平支撑传来的竖向荷载,要求具有较大的自身刚度和较小的竖向位移。

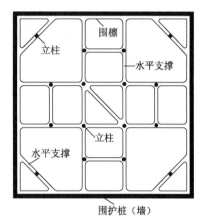

图 3-2 典型内支撑系统示意

当基坑面积巨大时,根据基坑形状不同,可采用对撑加边桁架支撑形式或圆环支撑形式。这些内支撑结构往往形式复杂,支撑杆件及立柱数量众多,因此造价较高。

围护桩(墙)结合锚杆的支护形式将锚杆设置在围护墙的外侧,为挖土、结构施工创造了空间,有利于提高施工效率。锚杆将受拉杆件的一端(锚固段)固定在稳定地层中,另一端与围护结构联结,用以承受坑外水土压力,利用地层锚固力保证围护结构稳定。

结合地下污水处理厂深基坑的特点,采用内支撑支护形式存在支护结构造价高、内部结构施工困难等问题。并且由于地下污水处理厂的结构特殊,结构施工阶段无法利用内部楼板换撑。而在软土地区,锚杆存在锚固力不足以及锚杆在软土层中存在蠕变的问题。因此,对于软土地区的地下污水处理厂深基坑,常规内支撑支护或锚杆支护形式均存在难以克服的问题。

3.1.3　基坑无支撑支护技术的发展

对于人口密集、各类设施齐全的城市中心区域,基坑周边环境复杂,对基坑变形控制要求极其严格。采用内支撑支护技术、逆作法支护技术等可以很好地满足城市复杂环境下的基坑工程要求。对于周边环境相对简单或需要大开挖空间,对施工工期有较高要求的基坑,根据土质条件及开挖深度的不同发展了多种无水平支撑的支护形式。

3.1.3.1　传统悬臂支护

基坑悬臂支护结构是最基本的基坑无支撑支护形式。悬臂支护的围护结构嵌入基坑开挖面以下一定深度,依靠基坑被动区提供的土压力平衡坑外土体的主动侧土水压力。在围护结构抗弯强度和刚度足够的条件下,满足基坑稳定及变形的要求。

悬臂支护可分为重力式和板式。重力式支护结构可以利用其自重及墙底与土体摩擦来平衡主动侧土水压力,而板式支护结构则完全依靠嵌固深度范围的土体提供被动土压力。对于软土地区基坑工程,常用的重力式悬臂支护结构主要是水泥土重力式挡墙,板式悬臂支护结构则包括排桩和钢板桩支护结构。悬臂支护结构一般只适用于开挖深度很小的基坑。例如,上海市《基坑工程技术标准》(DG/TJ 08-61—2018)指出,采用水泥土重力式围护墙的基坑开挖深度不宜超过 7 m。

3.1.3.2　围护桩(墙)结合坑边预留土支护

在传统的悬臂式支护结构基础上,国内外工程技术人员以及专家学者通过改型或创新提出了很多适用于更大深度基坑的无支撑支护形式。采用围护桩(墙)结合坑边预留土的支护形式可以减小悬臂桩(墙)的嵌固深度或应用于深度较大的基坑,如图3-3所示。预留土的作用主要有两个方面:一是预留土自身为支护结构提供了水平抗力,限制了支护结构的变形;二是预留土的自重提高了被动区土体的竖向应力,从而提高了被动区土体水平向基床系数。围护桩(墙)结合坑边预留土的支护形式常用于软土地区大面积深基坑开挖,适用于基

图 3-3　坑边预留土

坑开挖深度及开挖面积较大且工期紧张、不适宜采用水平支撑的情况。此外,在逆作法施工中,首层土方开挖一般采用敞开明挖方式,围护桩(墙)处于悬臂受力状态。此时,也采用坑边预留土减小变形及围护桩(墙)弯矩,即盆式开挖。

3.1.3.3　双排桩支护

20世纪90年代以来,双排桩支护在国内一些基坑工程中得到应用。当基坑深度较大或场地土软弱时,采用悬臂支护单桩的抗弯刚度不能满足变形控制要求,而设置水平支撑会导致施工进度慢、造价高的问题。这种情况下,可采用双排桩支护形式,如图3-4所示。通过钢筋混凝土灌注桩、压顶梁和连系梁形成空间门架式支护结构体系,大大增加了其侧向刚度,能有效地限制基坑的侧向变形。对于软弱土地区,双排桩支护一般适用于开挖深度小于10 m的基坑。

图3-4　双排桩支护

3.1.3.4　梯级支护

围护桩(墙)结合坑边预留土支护形式需要足够的预留土宽度和高度来保证围护桩(墙)的稳定和变形要求。在某些工程中,地下室外墙以外的可用场地往往不能满足较大的预留土宽度要求。此时,可以采用如图3-5所示的二级支护形式。二级支护的桩(墙)及两排围护桩(墙)间土体对第一级支护提供的支撑作用和嵌固作用等效。这种梯级支护形式在天津软弱土地区的一些基坑工程中已经有所应用。

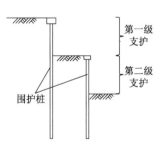

图3-5　梯级支护

3.1.3.5　倾斜桩支护

倾斜桩支护属于悬臂式支护的一种。但与传统的悬臂式支护不同的是,倾斜桩支护将围护桩与垂直地面方向呈一定夹角置入土中,使得桩身自重及基坑被动区土体可为倾斜桩提供抗力作用。因此,倾斜桩的支护效果优于传统悬臂支护

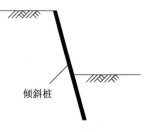

图3-6　倾斜桩支护

桩。类似于双排支护,可以将竖直悬臂支护桩与倾斜桩间隔布置,形成斜-直交替支护桩的形式。相比完全倾斜桩,斜-直交替支护桩中的斜桩对直桩起斜撑的作用。目前,倾斜桩支护在日本、韩国及国内一些地区已有所应用。

3.1.3.6　其他无支撑支护

上文介绍的无支撑支护形式均为除围护桩(墙)之外完全没有水平向约束结构的"完全无支撑支护"。除此之外,还有一些支护形式通过向基坑外侧施工水平向支撑结构或取消部分坑内水平支撑结构实现内部无水平支撑或局部无水平支撑的目的,这一类支护形式在一定程度上也可以视作无支撑支护形式。

向基坑外侧施工水平向支撑结构的支护形式主要是锚杆、土钉墙和复合土钉墙等基坑支护形式。锚杆将受拉杆件的一端(锚固段)固定在稳定地层中,另一端与围护结构连接,用以承受坑外水土压力,并利用地层锚固力保证围护结构稳定。土钉则依靠打入土体杆件及注浆体与土层的摩擦力为围护结构提供水平约束力。此外,也有将土钉与锚杆联合使用,形成复合土钉墙结构。

通过取消部分坑内水平支撑结构实现局部无支撑的支护形式主要有鱼腹梁支撑体系及扶壁式挡墙支护等形式。鱼腹梁支撑是近年来开发的一种新型支护形式。将部分水平支撑直接撑在类似鱼腹的弧形钢绞线上,钢绞线上施加预应力,并将两端支撑于水平支撑上,形成张弦梁受力体系,如图 3-7 所示。采用这种支护形式,可实现 30 m 以上跨度范围无水平支撑,为基坑施工提供更大的空间。目前,鱼腹梁支撑在国内外一些工程中已有应用。扶壁式挡墙在边坡工程中比较常用,而在中国台湾的一些基坑工程中,扶壁式挡墙也经常应用于基坑工程中。基坑围护结构为地下连续墙,同时在基坑内部垂直于地连墙施工扶壁墙作为支撑,这样可在基坑内部获得较大施工空间,如图 3-8 所示。

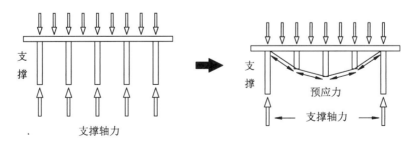

图 3-7　鱼腹梁支撑

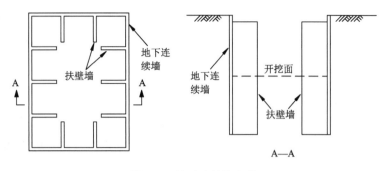

图 3-8　扶壁式挡墙支护

此外,圆形基坑采用逆作法施工或仅设置环形围檩也可以实现无内支撑开挖的效果。由于圆形基坑环向土体挤压的作用,理论上,圆环形围檩几乎没有弯矩和剪力。但是因为土层及施工中的不确定性,圆形基坑面积越大,圆环效应越差,所以圆形基坑无支撑仅适用于面积较小的基坑。

3.2　大规模深基坑双排桩支护技术现状

3.2.1　双排桩支护技术发展现状

2012 年开始实施的《建筑基坑支护技术规程》(JGJ 120—2012)(以下简称《规程》)已经将双排桩设计计算方法列入。各地方基坑设计规范中也有不少已经增加了双排桩设计计算的内容。以下对双排桩支护的计算理论及工程应用情况进行简单介绍。

3.2.1.1　双排桩设计方法研究现状

双排桩计算方法主要可分为基于经典土压力理论的计算方法、基于 Winkler 假定的地基梁法以及基于土拱理论的计算方法。经过多年来的研究发展,目前双排桩设计方法趋于完善,相应的计算模型已经纳入规范及工程设计手册。例如,《规程》采用了如图 3-9 所示的计算模型。该模型假

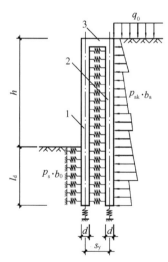

图 3-9　《规程》采用的双排桩
计算模型

1—前排桩;2—后排桩;3—刚架梁

定桩间土对前后排桩的作用相同,并将双排桩视为挡土墙,通过对前排桩底求力矩平衡来验算双排桩的嵌固稳定性。

3.2.1.2 双排桩工程应用现状

双排桩支护在软土地区的应用已有较长的时间。早在 20 世纪 90 年代早期,上海博物馆新馆基坑工程中就采用了双排桩支护。该基坑开挖深度 9 m,前后排桩采用 ϕ700 钻孔灌注桩,桩间土采用格构式水泥搅拌桩加固。这种支护方式被称作自立式复合重力坝。

20 世纪 90 年代中期以后,双排桩支护在上海、杭州和宁波等软土地区的基坑工程中应用越来越广泛。一些典型的工程案例总结于表 3-1 中。可以看出,对于东南沿海的软土地区,双排桩支护一般用于平面尺寸较大的深基坑工程中。且基坑开挖深度超过 7 m 时,往往会考虑采用桩间土加固来减小基坑变形及兼作止水帷幕的作用。

表 3-1 双排桩支护案例

项目名称	开发深度	基坑围护	排桩间距
上海之江大厦	10.5 m,局部可达 12.5 m	双排 ϕ800 钻孔桩	3.5 m
杭州银行大楼	8.5 m,局部可达 10.5 m	双排 ϕ800 钻孔桩	3 m
杭州耀江广厦工程	7.5 m	双排 ϕ600 钻孔灌注桩	—
宁波亚细亚商城	6.5 m,局部可达 8.5 m	双排 ϕ600 钻孔灌注桩	2.4 m

对于一些土质条件较好的地区,如果基坑邻近保护建筑或隧道等对变形比较敏感,也可以采用双排桩支护。例如,深圳某基坑邻近深圳地铁 5 号线五和站,基坑面积 1.9 万 m^2,邻近车站范围基坑深度 8.5 m。该侧基坑采用双排桩支护,根据实测数据,双排桩桩顶水平位移 16 mm。

对双排桩支护的应用情况总结可以发现,相比内支撑式支护或锚杆支护形式,双排桩支护有比较明显的经济优势。同时,无支撑的双排桩支护可实现基坑敞开开挖,工期优势明显。双排桩一般应用于开挖深度 10 m 以内的基坑工程。然而,地下污水处理厂的基坑开挖深度一般会超过 10 m。因此,需要通过改进或组合其他支护形式等方式提高双排桩支护的适用范围。

3.2.2 双排桩计算理论及支护结构设计

3.2.2.1 双排桩计算理论

双排桩受力及变形的设计计算一般采用平面刚架结构模型,该模型示意如

图 3-9 所示。采用该模型时,作用在后排桩的土压力一般按主动或静止土压力取值。该模型的核心内容是桩间土对前、后排桩压力的计算。根据《规程》,桩间土对桩侧土压力(P_c)可按式(3-1)计算:

$$P_c = k_c \Delta \nu + P_{c0} \tag{3-1}$$

$$k_c = \frac{E_s}{s_y - d} \tag{3-2}$$

$$P_{c0} = (2\alpha - \alpha^2) P_{ak} \tag{3-3}$$

$$\alpha = \frac{s_y - d}{h \cdot \tan(45 - \varphi_m/2)} \tag{3-4}$$

式中　k_c ——桩间土的水平刚度系数(kN/m³);

　　　$\Delta \nu$ ——前后排桩水平位移差值(m);

　　　P_{c0} ——桩间土对桩侧初始压力(kPa);

　　　E_s ——计算深度处,桩间土的压缩模量(kPa);

　　　s_y ——双排桩的排距(m);

　　　d ——桩的直径(m);

　　　P_{ak} ——支护结构外侧,第 i 层土中计算点的主动土压力强度标准值(kPa);

　　　h ——基坑深度(m);

　　　φ_m ——基坑底面以上各土层按厚度加权的等效内摩擦角平均值(°);

　　　α ——计算系数,当其值大于 1 时,取 $\alpha = 1$。

此外,双排桩稳定性计算包括整体滑动稳定性验算、嵌固稳定性计算等。其中,整体滑动稳定性一般采用圆弧滑动条分法进行验算。嵌固稳定性计算模型如图 3-10 所示,计算公式如下:

$$\frac{E_{pk} a_p + G a_G}{E_{ak} a_a} \geqslant K_e \tag{3-5}$$

式中　K_e ——嵌固稳定安全系数;规范要求,安全等级为一级、二级、三级的双排桩,K_e 分别不小于 1.25,1.2,1.15;

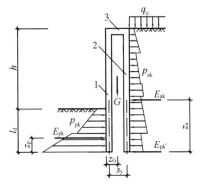

图 3-10　双排桩抗倾覆稳定性验算

E_{ak}，E_{pk}——基坑外侧主动土压力、基坑内侧被动土压力标准值(kN)；

a_a，a_p——基坑外侧主动土压力、基坑内侧被动土压力合力作用点至双排桩底端的距离(m)；

G——双排桩、刚架梁和桩间土的自重之和(kN)；

a_G——双排桩、刚架梁和桩间土的重心至前排桩边缘的水平距离(m)。

3.2.2.2 双排桩支护结构设计

一般双排桩支护结构形式如图 3-11 所示。其结构主要组成部分包括前排桩、后排桩、前后排桩顶部的冠梁、连接前后排桩的连梁、桩间土体和基坑被动区土体的加固区域等构成。因此，双排桩支护结构的设计内容主要包括前后排桩的设计、前后排桩中心间距(即排距)的确定、前后排桩桩间土及基坑被动区土体加固设计、坑外卸载影响及土层计算参数选取等。

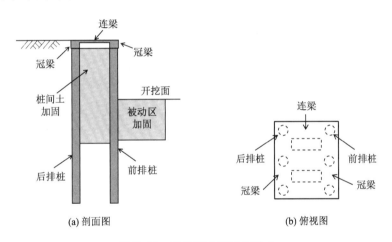

图 3-11 双排桩典型结构形式

1. 前后排桩设计

双排桩的前后排桩作为主要承受坑外水土压力的结构构件，是双排桩设计的核心部分。前后排桩设计包括前后排桩桩长、桩径、桩距的确定，前后排桩布置及配筋计算。前后排桩桩长一般由稳定性及变形要求控制。稳定性计算包括整体稳定性计算和抗倾覆稳定性计算等。对于一般黏性土和砂土，双排桩结构的嵌固深度不宜小于 0.6 倍基坑开挖深度。嵌固深度对双排桩变形的影响随着嵌固深度的减小而减低。双排桩桩径及桩距一般根据结构内力计算确定，需要满足强度及使用要求。

前后排桩布置可根据需要采用对齐布置、梅花形交错布置、前后排不等桩距布置和格栅形布置等形式。前后排桩桩长也可采用非等长设计。例如,双排桩变形满足要求而稳定性不足时,为节约造价,可仅增加前排桩或后排桩桩长,以提高稳定性。

2. 排距确定及连梁设计

前后排桩的排距是决定双排桩和桩间土共同作用效果的关键参数。以最极端情况为例,当双排桩排距为 0 时,双排桩便退化为悬臂单排桩,其受力及变形特性与悬臂单排桩类似。当双排桩排距过大时,后排桩对前排桩的作用类似于拉锚桩的效果。浙江省《建筑基坑工程技术规程》(DB33/T 1096—2014)规定:当前后排桩排距超过一定范围时,前排桩可按顶部锚拉型排桩进行内力变形分析,而后排桩按锚桩要求设计。一般来说,排距越大,双排桩位移越小。但随着排距增加,位移减小趋势逐渐变缓。前后排桩排距对桩身弯矩的影响比较复杂。随着排距增加,前排桩弯矩有所增加,而后排桩弯矩逐渐减小。因此,根据变形及受力情况,双排桩排距应在一定范围内取值。一般建议双排桩排距宜取桩径的 2~5 倍。但对于基坑稳定性来说,排距越大,越有利于双排桩基坑的整体稳定性及抗倾覆稳定性。

在目前规范采用的双排桩计算理论中,双排桩的连梁(即钢架梁)与前后排桩按刚接考虑。根据双排桩平面刚架计算模型可以得到连梁受力情况。连梁截面应根据其高跨比按普通受弯构件或深受弯构件进行设计。连梁截面宽度可根据排桩间距设置成与桩径相同或略大于桩径,也可以直接采用连板形式。连梁截面高度一般可取排距的 $1/6 \sim 1/3$。

3. 土体加固设计

软土地区常用的土体加固方式包括水泥土搅拌桩、高压喷射注浆和压密注浆等类型。实际工程中,应根据基坑初步变形计算结果确定是否需要采用土体加固。确实需要进行加固的,根据基坑周边环境、场地土质条件及施工和造价等因素,选取合适的加固方法。土体加固的作用在于改善加固土体的物理力学性质。在基坑计算中,加固体参数应在原状土层参数基础上适当提高。对加固体参数有当地经验时,可根据当地经验或规范要求取值。

双排桩基坑土体加固设计包括桩间土加固及被动区土体加固两部分。对于大规模基坑,被动区土体加固可采用裙边加固形式。裙边加固深度根据计算确定,对上海软土地区一般不小于 3 m。加固宽度则根据经验及规范要求的最小宽度要求确定。数值模拟计算结果表明,对于相同截面面积的裙边加固,加固宽度略大于加固高度时,基坑变形的控制效果最明显。被动区加固对基坑稳定性的提高也有显著效果。加固体的无侧限抗压强度是原始土体的数十倍,因而加固体产生剪切破坏所需剪应力远大于原土体。研究表明,基坑整体稳定性安全系数随被动加固体宽度增加而增加。

软土地区双排桩支护往往会采用桩间土加固。桩间土加固可减小双排桩位移及桩身弯矩。很多工程中,桩间土加固既作为减小变形的手段,也起到基坑止水作用。桩间土加固可根据需要加固桩间一定范围的土体,如图 3-12 所示。随着桩间土加固高度(L_0)的增大,双排桩位移和桩身弯矩均减小。当加固高度达到开挖面以下一定深度后,L_0 对双排桩位移及弯矩的影响显著降低。该深度位置与不采用桩间土加固时的双排桩桩身弯矩的反弯点位置基本一致。由于双排桩桩身弯矩的反弯点一般在开挖面以下的较小深度范围里,因此建议桩间土加固深度应超过开挖面深度并至少向下延伸 3~5 m。此时,桩间土加固对于双排桩变形及弯矩的减小是最有效的。

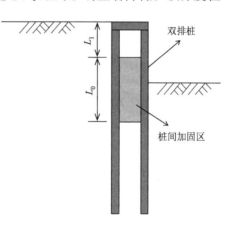

与桩身相比,桩顶附近的桩间土加固对双排桩影响相对较小。当桩顶附近土质条件较好或对桩顶位移控制要求并不十分严格时,桩顶以下 2~4 m 的土体可不予加固,如图 3-12 所示。

图 3-12　双排桩桩间土加固形式

4. 坑外卸载影响

位于软土地区的地下污水处理厂基坑开挖深度往往超过 10 m,双排桩难以满足支护高度要求。此时,可以结合坑外卸载方法降低双排桩支护高度。坑外卸载影响的计算方法如图 3-13 所示。其中,上部土体被视为附加荷载,换算为水平向土压力作用在支护结构上。此外,坑外放坡卸载段的稳定性应单独验算,满足稳定性要求。

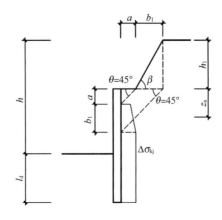

图 3-13　坑外卸载影响的计算方法

3.3　大规模深基坑设计实践

3.3.1　深基坑概况

上海白龙港地下污水处理厂基坑总开挖面积达 15 万 m^2,地下构筑物东西方向长度超过 300 m,南北方向长度超过 500 m。根据地下结构设计方案,生物反应池底板标高－8.900(吴淞高程,下同),底板厚度 800～1 200 mm;二沉池底板标高－8.900,底板厚度 500～700 mm;深度处理单元底板标高－7.300,底板厚度 800 mm。场地现状地面标高 4.4～5.1 m,因此确定基坑开挖深度为 12.8～15.8 m。

从上海白龙港地下污水处理厂的结构形式、基坑周边环境及地质条件等因素看,该基坑工程主要有以下特点:

(1) 基坑开挖面积大、开挖深度深,地下污水处理设施内构筑物为水池结构,跨度较大、层高较高、结构复杂;

(2) 本工程工期紧张,要求基坑与内部结构交替同步施工;

(3) 周边环境条件较为宽松,基坑 3 倍挖深范围以内并无重要建(构)筑物;

(4) 工程场地位于典型上海软土地区,基坑开挖深度范围存在深厚淤泥质土层,土质条件差。

3.3.2　深基坑设计

根据基坑内部结构、周边环境及地质条件等资料，基坑开挖深度较深，传统无支撑支护形式难以满足深度要求。周边环境简单，周边建筑距离基坑较远，且场地内上部土层土质条件尚可，具备放坡条件。但上海地区采用放坡开挖深度要求不超过 7 m，因此下部仍有 5.8～8.8 m 开挖深度。考虑到双排桩整体刚度大、抗侧移能力强的优点，基坑下部采用双排桩支护。由此形成大范围放坡与双排桩结合的基坑围护方案。其中，基坑上部土层采用放坡开挖，下部采用双排桩支护。基坑平面设计如图 3-14 所示。

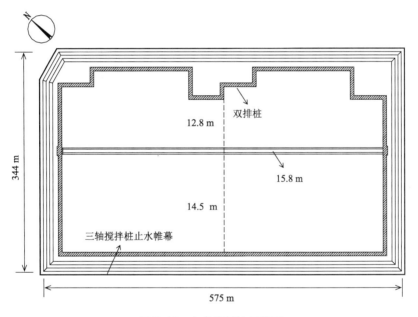

图 3-14　白龙港基坑平面图

3.3.2.1　上部放坡设计

基坑上部 7 m 厚土层放坡开挖，两级放坡高度各 3.5 m，放坡坡度均为 1∶1.5，两级放坡间平台宽度 5 m。放坡及中间平台均采用 100 mm 厚 C20 细石混凝土护坡面层，面层配筋采用 Φ6.5@200×200 钢筋网。两级放坡顶部均布设埋深 7 m 的轻型降水井点。同时在第一级坡外侧 5 m 处设置 16 m 长 3ϕ850@1200 三轴搅拌桩止水帷幕，保证边坡水位在基坑开挖阶段低于放坡底部。根据计算分析,边坡整体稳定性安全系数超过 1.3,满足上海市基坑规范对基坑稳定性的要求。由此确定最终的边坡剖面,如图 3-15—图 3-17 所示。

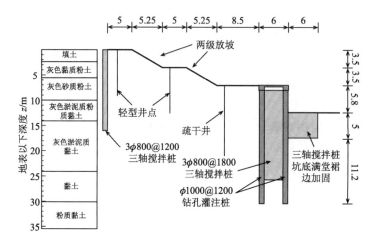

图 3-15　开挖深度 12.8 m 的基坑剖面(单位: m)

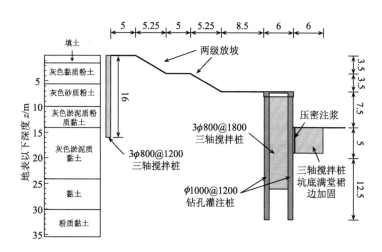

图 3-16　开挖深度 14.5 m 的基坑剖面(单位: m)

3.3.2.2　双排桩结构设计

本基坑开挖深度存在 12.8 m、14.5 m 及 15.8 m 三种。不同开挖深度双排桩设计见图 3-15—图 3-17,具体设计参数如表 3-2 所列。放坡坡脚距离双排桩的后排桩边缘距离为 8.5 m。当开挖深度为 12.8 m 时,双排桩前后排桩长度均

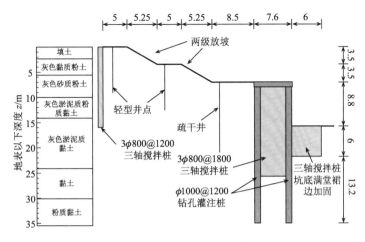

图 3-17 开挖深度 15.8 m 的基坑典型剖面(单位: m)

为 22 m,排桩采用 $\phi1000@1200$ 钻孔灌注桩,前后排对齐布置。双排桩排距为 5 m(5 倍桩径)。前后排桩用连梁连接,连梁为间隔一根桩布置,截面尺寸 1 200 mm×1 000 mm,中间范围由 300 mm 厚连板。连梁构造如图 3-18 所示。考虑到基坑开挖面附近存在厚度很大的淤泥质黏土层,双排桩的桩间土及双排桩前基坑被动区土体均采用三轴搅拌桩进行了加固。其中,桩间土加固长度 16 m,兼作止水帷幕。桩间土加固断面采用格构式布置,如图 3-19(a)所示。基坑被动区采用坑底满堂裙边加固,加固深度 5 m,宽度 6 m。

表 3-2 对应于不同开挖深度的双排桩设计参数

设计参数	开挖深度 12.8 m	开挖深度 14.5 m	开挖深度 15.8 m
桩长/mm	22	25	28
排距/mm	5	5	6
钻孔灌注桩	$\phi1000@1200$	$\phi1000@1200$	$\phi1200@1400$
排桩布置形式	对齐布置	对齐布置	对齐布置
排桩连接形式	连梁+0.3 m 厚连板	连梁+0.3 m 厚连板	1 m 厚连板
桩间土加固	长 16 m 的三轴搅拌桩	长 17 m 的三轴搅拌桩	长 17 m 的三轴搅拌桩
被动区土体加固	深 5 m、宽 6 m 的坑底满堂裙边加固	深 5 m、宽 6 m 的坑底满堂裙边加固	深 6 m、宽 6 m 的坑底满堂裙边加固

注: ① "连梁+连板"的构造如图 3-18 所示;
② 桩间土加固形式如图 3-19 所示。

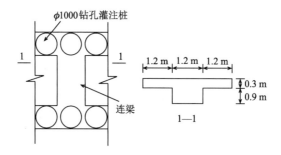

图 3-18 连梁形式

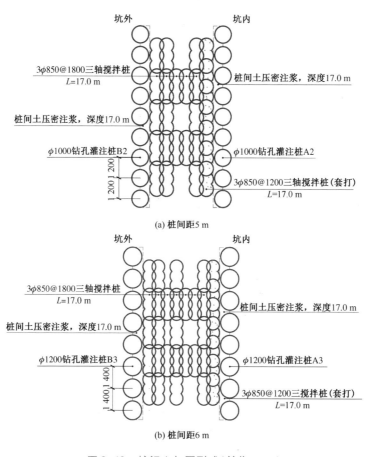

(a) 桩间距5 m

(b) 桩间距6 m

图 3-19 桩间土加固形式(单位: mm)

当开挖深度为 14.5 m 时,双排桩前后排桩长度均为 25 m,排桩采用 φ1000 @1200 钻孔灌注桩,前后排对齐布置,排距 5 m。连梁构造形式与开挖深度

12.8 m 剖面相同,如图 3-18 所示。桩间土加固长度 17 m,兼作止水帷幕。桩间土加固断面形式如图 3-19(a)所示。基坑被动区坑底满堂裙边加固,加固深度 5 m,宽度 6 m。

当开挖深度为 15.8 m 时,双排桩前、后排桩长度均为 28 m,排桩采用 ϕ1200 @1400 钻孔灌注桩,前后排对齐布置。为满足变形及抗倾覆稳定性要求,排距取 6 m。由于该侧基坑开挖深度大,双排桩顶部弯矩较大,因此将连梁改为 1 m 厚连板形式。桩间土加固长度 17 m,兼作止水帷幕。桩间土加固断面形式如图 3-19(b)所示。基坑被动区坑底满堂裙边加固,加固深度 6 m,宽度 6 m。

3.4　大规模深基坑无内支撑开挖施工

3.4.1　大规模深基坑无内支撑开挖施工流程

本工程基坑开挖的施工流程如图 3-20 所示。

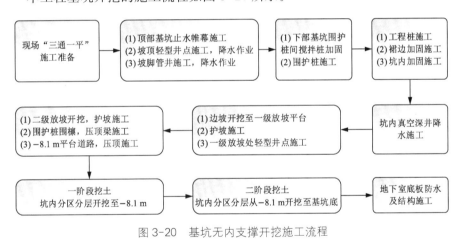

图 3-20　基坑无内支撑开挖施工流程

3.4.2　双排桩支护体系施工

3.4.2.1　基本情况

根据围护设计图纸,基坑上部采用 1∶1.5 二级放坡至标高 −8.100 m,下部采用 ϕ1000(1200)钻孔灌注桩双排桩配合 ϕ850 三轴搅拌桩土体加固及止水帷幕的围护形式,典型围护剖面图如图 3-21 所示。基坑围护具体内容及施工范围如表 3-3 所列。

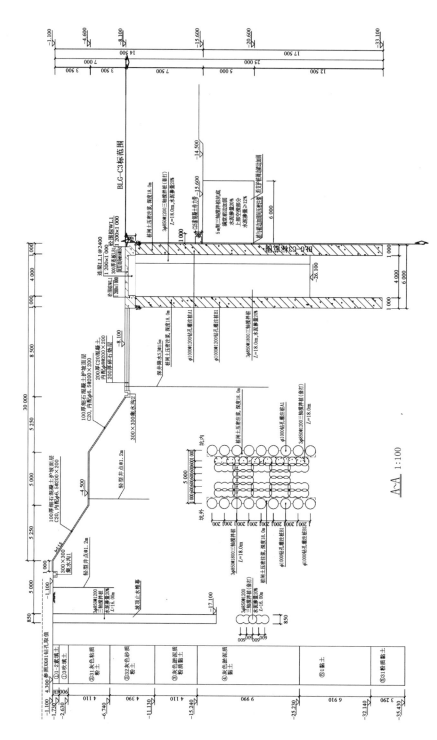

图 3-21 典型围护剖面

表 3-3　本工程基坑围护施工概况

序	围护类别	内　容
1	放坡与护坡	基坑外围采用 1∶1.5 两级放坡形式,坡顶标高 −1.100 m/−4.500 m,坡面采用 100 mm 厚细石混凝土护坡,混凝土标号 C20,内配 Φ6.5@200×200 钢筋网
2	钻孔灌注桩围护	采用 φ1000@1200 钻孔灌注桩双排桩,两排桩相距 5 m;钻孔灌注桩长 21.6 m、24.6 m、27.6 m,共 2 877 根,采用水下 C30 混凝土浇筑
3	三轴搅拌桩土体加固及止水帷幕	基坑外围坡顶套打 φ850@1200 三轴搅拌桩止水帷幕,采用强度等级 42.5 普通硅酸盐水泥,水泥掺量 20%,深度 16 m;双排围护桩间 φ850@1800 三轴搅拌桩土体加固及止水帷幕,采用强度等级 42.5 普通硅酸盐水泥,水泥掺量 20%,深度 16～19 m
4	压顶梁板	双排钻孔灌注围护桩顶混凝土围檩尺寸为 1 200 m×1 000 m,围檩间采用 1200×1000@2400 混凝土连梁,300 mm 厚压顶板内配双层双向 C14@150;压顶梁板混凝土强度等级 C30
5	坑内裙边加固	坑内裙边加固采用 5 m 三轴搅拌桩坑底满堂裙边加固,水泥掺量 20%,上部空搅部分水泥掺量>12%;加固范围为坑底以下 5 m
6	压密注浆	围护桩间压密注浆深度 16～19 m,水泥掺量不小于 7%,浆液水灰比 0.45～0.55
7	坑中坑围护	基坑内北侧圆形局部深坑外围采用 φ700@1000 双轴水泥土搅拌桩围护 L = 8 m,水泥掺量 13%,上部空搅部分水泥掺量>8%;基坑中部落深区北侧采用 φ700@1000 双轴水泥土搅拌桩围护,L = 7 m,水泥掺量 13%,上部空搅部分水泥掺量>8%
8	坑内通道围护	根据围护设计图纸,基坑施工下坡通道边坡均采用 1∶1.5 两级放坡,围护桩采用 2φ700@1000 双轴水泥土搅拌桩,桩长 1 m;下坡通道顶部铺设 200 mm 厚碎石垫层及 200 mm 厚钢混凝土便道
9	进出通道	12 m 长小齿口拉森钢板桩、双拼 HN700×300×13×24 钢围檩,用一道 φ609×16 钢支撑

3.4.2.2　钻孔灌注桩施工

双排桩支护体系采用钻孔灌注桩的形式,其施工流程如图 3-22 和图 3-23 所示。施工过程主要涉及如下所述的工艺。

1. 测量定位及复检

测量人员根据基线控制点和高程点、桩位平面图及现场基准水准点,使用全站仪测定桩位,并打入明显标记。桩位放线应确保准确无误,定位精度为 1 cm,并经过监理复核后方可开钻。基点应做特殊专门保护,不得损坏。

2. 钢护筒加工与埋设

钻孔桩施工前,需对桩基周围地下情况进行仔细探测。根据现场调查及探

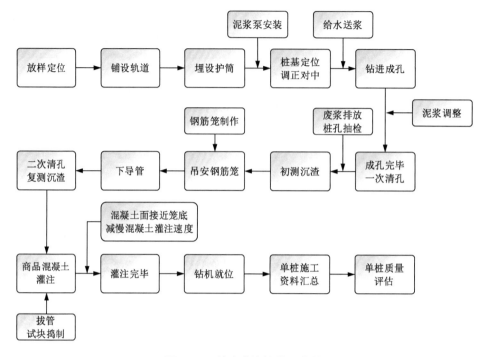

图 3-22　钻孔灌注桩施工流程

测,首先对钻孔场地清除障碍物,将位于钻孔桩范围内的原状混凝土路面破除,并清理和平整场地。

钢护筒采用 8 mm 钢板制作,护筒长度约为 1.5 m。护筒周边用黏土回填夯实。在护筒的上口边缘开设 1 个溢浆口,便于泥浆溢流到泥浆池,进行回收和循环。护筒内径比设计桩径大 10 cm,护筒埋设平面偏位不得大于 20 mm,倾斜度不得大于 1/150。施工期间护筒内的泥浆面应高出地下水位 1.0 m 以上。

根据桩位标志,人工开挖护筒孔,保证护筒埋入原状土的深度不小于 20 cm。放入护筒后,护筒孔坑内再次精放桩位点,用吊线锤校正护筒位置和垂直度并固定。护筒与坑壁之间用黏性土夯填实,确保护筒位置的准确及稳定。

3. 钻进成孔施工

钻进成孔施工的第一步是配置合理的泥浆。作为钻孔施工中的冲刷液,泥浆的主要作用是清洗孔底、携带钻渣平衡水压力、护壁防塌孔、润滑和冷却钻头。根据地质特点采用原土造浆,并根据施工场地地质报告及现场实际配备泥浆。灌注混凝土时的回收浆先放入沉淀池中沉淀。然后,测试泥浆的指标并进行调

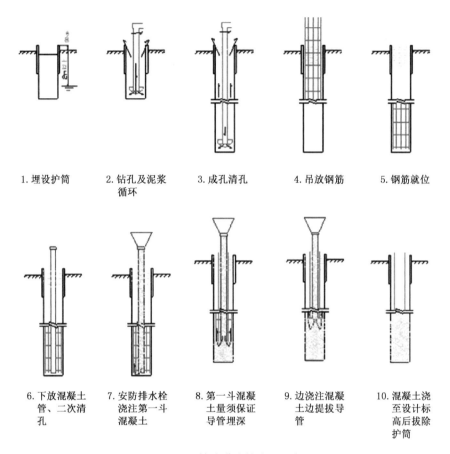

1. 埋设护筒　　2. 钻孔及泥浆　　3. 成孔清孔　　4. 吊放钢筋　　5. 钢筋就位
　　　　　　　循环

6. 下放混凝土　　7. 安防排水栓　　8. 第一斗混凝　　9. 边浇注混凝　　10. 混凝土浇
管、二次清　　浇注第一斗　　土量须保证　　土边提拔导　　至设计标
孔　　　　　混凝土　　　　导管埋深　　　管　　　　　高后拔除
　　　　　　　　　　　　　　　　　　　　　　　　　　　　护筒

图 3-23　钻孔灌注桩施工示意

整,待其达到表 3-4 的要求方可使用。如果在试成孔过程中发现有严重塌孔或
孔底缩径,必要时采用膨润土化学造浆。

表 3-4　钻孔桩泥浆指标

检测项目	单位	范围	调整措施
黏度	s	17～25	加水和碳酸钠
比重	g/cm³	≤1.15	加水
含砂率	%	<6	加水
pH		7～9	加水
失水值	mL/30 mm	<30	加 CMC

对于最终的回收浆,用泵直接送入沉淀池中,当泥浆循环使用达到废弃指标(黏度>45 Pa·s,比重>1.25 g/cm³,含砂率>7%,pH>12)时,将泥浆泵入废浆池中,用排污车外运处理。

钻进成孔施工的第二步是钻孔。首先将钻机就位,并调整底座转盘直至钻机、转盘中心和护筒中心三者在同一铅垂线上,其偏差不得大于2 cm。待钻头吊好、钻杆连接、电路接通之后,启动泥浆循环系统,开始钻进。钻进开始后需不断地作业。钻进过程中,采用减压钻进方法,以保证成孔的垂直度和孔内泥浆面标高满足要求。对于在成孔过程中易塌孔的土层,当距离该土层0.5~1.0 m时,一般控制进尺速度0.5 m/h,确保减压状态钻进,并要观察护筒内泥浆位置变化情况。如果有漏浆现象应马上补浆,确保泥浆水头压差。进入易塌层后,不管有没有漏浆现象都应停钻(但泥浆循环继续进行)4~8 min,让泥浆充分护壁。之后采用低速进尺,速度控制在0.5~0.2 m/h,避免漏浆和塌孔。

钻进成孔施工的第三步是清孔。清孔前,提起钻机离开地面10~20 cm。首次清孔利用钻孔时的正循环系统的泥浆泵持续吸渣30 min左右,使孔底沉渣清除干净。首次清孔结束后,迅速拆除钻杆和钻头。安放钢筋笼及格构柱后下放导管,测量孔底沉渣和泥浆性能。如孔底沉渣和泥浆性能超出规范要求,须进行二次清孔,以便彻底清除沉淀物。清孔后沉淀物厚度不超过10 cm,同时使其泥浆性能达到最佳状态,即入浆密度≤1.15,黏度22~24 s,待检测合格后,即可进行混凝土灌注。

钻进成孔施工的第四步是放置钢筋笼。灌注桩中使用的钢筋笼采用箍筋成型法分段制作,分段长度在9 m之内。首先,按照设计图纸在箍筋圈上标出主筋和箍筋位置。然后,按钢筋上标志的位置相互对准依次扶正箍筋并逐一焊好。为控制保护层厚度,在钢筋笼主筋上每隔3 m设置一道定位块,并沿钢筋笼周围对称布置4块钢筋笼保护层垫块。钢筋笼的制作必须满足表3-5所列的要求。

表3-5　钢筋笼制作允许偏差

序号	项目	允许偏差/mm	备注
1	钢筋笼直径	±10	主筋外径
2	钢筋笼长度	±100	—
3	主筋间距	±10	主筋中心直线距
4	箍筋间距	±20	—
5	保护层	±20	主筋外筋起算

钢筋笼采用电焊进行焊接,主筋与螺旋筋的交点应焊接牢固,采用间隔电焊形式,呈"梅花状"。加强箍与主筋的交点必须全部焊接牢固。焊接要求见表 3-6。

表 3-6　焊缝要求

序号	项目	允许范围	备注
1	长度	10D	
2	宽度	大于 0.8D 和 16 mm	单面焊
3	高度	大于 0.3D 和 5 mm	

注:D 为钢筋直径,单位:mm。

钢筋笼制作完成后,采用两点起吊运至桩位。第一吊点设在钢筋笼的上端,第二吊点设在钢筋笼的中点到三分之一点之间。首先,同时起吊两个吊点,使钢筋笼离开地面 2 m 左右。其次,保持第二吊点不动,继续起吊第一吊点,使钢筋笼垂直。再次,解除第二吊点,将钢筋笼徐徐放入钻孔中,并临时托卡于孔口,以便与第二节钢筋笼对接。最后,解除起吊钢丝绳,用同样方法将第二节钢筋笼吊于孔口上方,并采用帮条焊对接。为节省时间,帮条的一端可先焊在钢筋笼上,在孔口处只完成帮条另一端的焊接。焊好后,将整个钢筋笼下入孔中。钢筋笼吊放后允许的偏差如表 3-7 所列。

表 3-7　钢筋笼吊装允许偏差

序号	项目	允许范围
1	钢筋笼标高	±10 cm
2	钢筋笼中心位置	±10 mm

下放钢筋笼时应注意对孔壁的影响。因接头较多、焊接时间较长,视情况可采用机械连接接头。钢筋笼下放定位后需要进行清孔。满足要求后应尽快不间断地浇筑混凝土。如清孔后 4 h 尚未开始浇筑混凝土,则孔底必须重新清理。

钢筋笼安装完毕后应进行隐蔽工程验收,合格后应立即浇筑水下混凝土。使用的商品混凝土应具有良好的和易性,坍落度宜为 18～22 cm,扩散度为 35～40 cm。水下混凝土浇筑采用直径 300 mm 的导管,导管接头宜采用法兰或双螺纹方扣快速接头。导管使用前应试拼装和试压,试水压力为 0.6～1.0 MPa,破损的密封圈应及时更换。

钻进成孔施工的最后一步是浇筑混凝土。浇筑过程中向导管内放入球胆作为隔水塞。为使隔水塞能顺利排出,导管底部至孔底的距离宜为 300~500 mm。导管入孔后应徐徐转动导管,检查导管与钢筋笼之间是否卡在一起。开始浇筑混凝土时要求快放,使导管有足够的埋深。孔口安装排浆泵,返出的泥浆回收到回浆池中。

导管埋入混凝土面深度宜为 2~6 m,严禁导管提出混凝土面。应有专人测量导管埋深及管内外混凝土的高差,填写混凝土的浇筑记录。水下混凝土必须连续施工,每根桩的浇筑时间按初盘混凝土的初凝时间控制,对浇筑过程中的一切故障均应记录备案。最后一次浇筑量应保证混凝土刚好浇筑到护筒桩顶,不得偏低。由于混凝土上层存在一层与混凝土接触的浮浆层需要凿除,因此混凝土高度需超灌 0.5~1.0 m,以便在混凝土硬化后查明强度情况。检查完毕后,将设计标高以上的部分用风镐凿去。

3.4.2.3 三轴搅拌桩施工

本工程采用三轴搅拌桩对基坑顶部止水帷幕和双排桩间的土体进行加固,三轴搅拌桩的施工流程如图 3-24 所示。施工过程主要涉及如下所述的工艺。

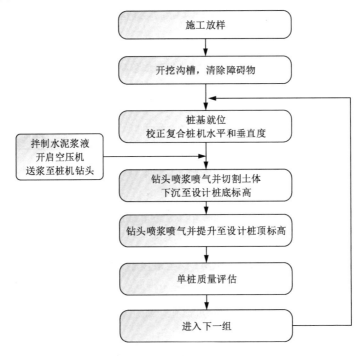

图 3-24 三轴搅拌桩施工流程

1. 开挖沟槽

根据止水帷幕和主体基坑围护内边施工测量控制线,采用 0.4 m³ 容积的挖机开挖沟槽(图 3-25),并清除地下障碍物。开挖沟槽余土应及时处理,以保证三轴搅拌桩正常施工。

2. 导向架定位型钢放置

在垂直于沟槽的方向上放置两根定位 H 型钢,规格为 200 mm×200 mm,长约 2.5 m。再在平行沟槽方向放置两根定位 H 型钢规格 300 mm×300 mm,长 8~20 m。H 型钢采用型钢定位卡,如图 3-26 所示。

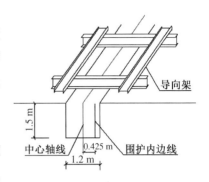

图 3-25　沟槽开挖示意

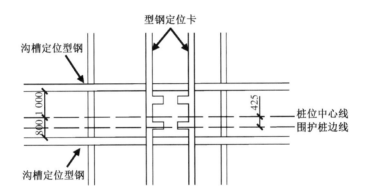

图 3-26　型钢定位示意(单位:mm)

3. 三轴搅拌桩施工顺序

止水帷幕按照设计要求以图 3-27(a)所示的顺序进行套打施工。图中的阴影部分需要重复套钻打以保证结构的连续性和接头的施工质量,从而起到止水的作用。桩间加固按照设计要求采用搭接施工,搭接长度 250 mm,桩位关系如图 3-27(b)所示。

4. 桩机就位

桩机移动前检查各方向的情况,发现障碍物应及时清除。桩机移动结束后认真检查定位情况并及时纠正。就位后的桩机应平稳、平正,并用线锤对龙门立柱垂直定位观测以确保桩机的垂直度,偏差值应小于 2 cm。

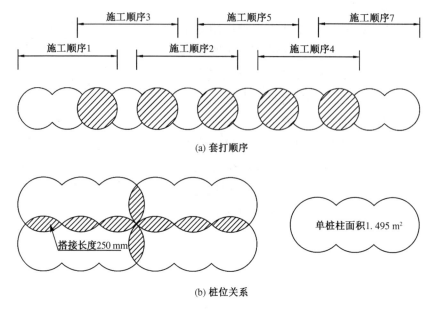

图 3-27 套打施工工艺

5. 搅拌速度及注浆控制

三轴水泥搅拌桩在下沉和提升过程中均应注入水泥浆液,同时严格控制下沉和提升速度,分别为 0.5~1.0 m/min 和 1.0~2.0 m/min。水泥浆液的水灰比为 1.5(用比重计抽查),搅拌水泥土的水泥用量为 360 kg/m³。注浆压力为 1.5~2.5 MPa,具体取值取决于浆液的输送能力。正常情况下采用"一喷一搅"成桩。但对于砂性土层则采用"两喷两搅":第一次喷浆 60%,第二次喷浆 40%。

3.4.2.4 压密注浆施工

围护桩间的压密注浆用于进一步提高土体的物理力学性能,改善抗渗能力。压密注浆的施工流程如图 3-28 所示。

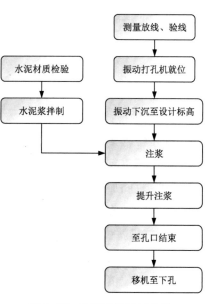

图 3-28 压密注浆施工流程

压密注浆施工过程涉及的工艺参数主要包括：

（1）测量布孔：根据甲方提供的测量基准点布置孔位，控制孔位误差小于 20 cm；

（2）浆液制备：按配合比进行配制水泥浆并充分搅拌，存放时间不宜大于 30 min；

（3）压管：对孔误差应小于 5 cm，立轴垂直度误差小于 5%，终孔深度与设计误差不大于 20 cm；

（4）注浆：注浆压力由小变大，最大压力不超过 0.5 MPa，注浆流量为 7～10 L/min。

3.4.2.5 基坑护坡结构及坑底道路施工

本工程基坑边坡围护结构为钢筋混凝土护坡，坡度 1：1.5，由 100 mm 厚 C20 细石混凝土护坡面层加配 Φ6.5@200×200 钢筋构成，如图 3-29 所示。坡底道路由 200 mm 厚 C20 混凝土加配 Φ8@200×200 钢筋，以及底部 200 mm 厚碎石垫层构成，如图 3-30 所示。

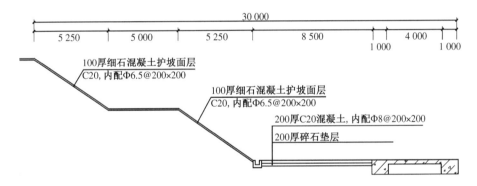

图 3-29　护坡结构剖面（单位：mm）

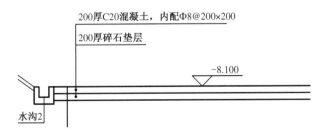

图 3-30　坡底道路结构

　　钢筋混凝土护坡的施工流程(图3-31)为：基坑上口截水沟挖土—截水沟砌筑、抹灰—土坡面喷水湿润—人工修坡—土坡喷水湿润—楔入锚筋铺设钢筋—绑扎钢筋网片—护层抹水泥砂浆—喷水养护。施工过程中应注意如下要点：

　　(1) 做好坡顶散水及排水沟以拦截地表水，保护护面层内的土体不受水的浸润及边坡和护层的稳定；

　　(2) 应在雨期前将基础混凝土垫层浇筑完成，以免基坑受雨水浸泡而造成护坡烂根；

　　(3) 基层必须清理干净，同时防止雨水、地面水渗入坡体内，以防止面层与土坡脱节剥离或导致护层沿坡面滑动；

　　(4) 注意保护土坡原状土特性，在基坑开挖完成后立即进行护层施工，以防由于间隔过长而导致局部塌方；

　　(5) 水泥砂浆新旧接槎要注意搭接，以保证护层良好的整体性和不透水性；

　　(6) 施工用具、模板支撑、脚手材料应尽量防止撞击护坡面，且不得在护坡面溜放混凝土、砂浆和模板材料等。

(a) 现场护坡施工完成　　　　　　　　(b) 现场护坡坑底道路施工

图3-31　现场施工

3.4.3　基坑降水

3.4.3.1　工程水文地质概况

　　本工程的地质条件详见表2-2。而在水文条件方面，上海地处江南水网地带,地表常分布有不规律的水渠、塘、沟壑。根据现场勘察结果,本工程东侧邻近长江,主要的浅层土为粉性土。因此长江地表水为地下水重要的补给源,且场地内地下水的水位受长江潮水水位高低影响较大。

除地表水外,还对潜水和承压水的情况进行了勘察。结果为:

(1) 地下水潜水水位埋深为 $0.50\sim4.60$ m,相应标高为 $2.52\sim6.48$ m;

(2) 拟建场地有第⑧₂层承压水分布,层顶埋深为 $53.3\sim59.5$ m,承压水水头埋深一般为 $3.0\sim12.0$ m,并随季节呈周期性变化。

3.4.3.2 基坑降水难点

根据所处地质和水文环境的特点可知本工程的基坑降水存在如下难点:

(1) 基坑开挖范围广、开挖深度大,基坑开挖过程中一次降水施工较为困难;

(2) 上部边坡的降水效果直接影响整个围护体系的整体稳定性;

(3) 地下水水位高,为保证基坑施工过程的安全性,需保持连续不间断降水作业;

(4) 基坑开挖及地下结构施工期间,恰逢汛期,为保证基坑施工安全,需充分考虑相应地表排水设施。

3.4.3.3 降水方案的确定

针对 3.4.3.2 小节总结的基坑降水难点,首先对目前常规的降水方法进行了对比,结果如表 3-8 所列。

表 3-8 常规基坑降水方法比较

名称	实施方法	优点	缺点	适用条件
明沟排水	在相关施工区域内地表设置排水沟并在适当长度范围设置集水井,然后利用集水井中的水泵将水强排出施工场地	在相关施工区域内地表设置排水沟并在适当长度范围设置集水井,然后利用集水井中的水泵将水强排出施工场地	排出的地下水易沿着基坑开挖坡面、坡脚或坑底涌出,从而使基坑内的土体软化,甚至造成泥泞,进而影响施工场地地基土强度,易造成地下水的潜蚀、基坑的边坡失稳以及地面沉降等危害	开挖范围内土层较为密实,坑壁较为稳定,基坑开挖深度不大,降水深度也不大,同时基坑底部不会产生流砂和管涌等现象的降水工程

（续表）

名称	实施方法	优点	缺点	适用条件
轻型井点	沿开挖基坑的四周每隔一段距离插入轻型降水井点管至蓄水层中，并将适当数量的降水井管连成一个整体，随后利用抽水设备将管道内的地下水从井管中抽出	降水井管间间距短，能有效地拦截基坑外的地下水渗流入基坑开挖区内，并尽可能地减少了残滞水层厚度，对保持边坡的稳定和围护桩桩间土体的稳定较为有利	轻型降水管井总体占用场地大、所需的降水设备多、一次性投入大，且在长时间降水施工的工程中，需保证对相关供电、抽水设备的稳定可靠，因此管理过程较为烦琐，维护成本也较高	基坑面积不大，降低水位不深（3～6 m）的工程
喷射井点	在降水施工区域内埋设井点管，在井点管内部设置特制的喷射器，用高压水泵或空气压缩机通过井点管中的内管向喷射器输入高压水（喷水井点）或压缩空气（喷气井点）形成水气射流。利用抽水设备将井点外管与内管之间的水（包括射水（或空气）和地下水）抽出排走	降水深度大，一般为8～20 m	抽水设备和喷射井管构造较为复杂，施工过程中的设备故障率较高，且能源损耗较大，降水成本较高	渗透系数较小的含水层和降水深度较大的降水工程
电渗井点	利用轻型井点和喷射井点的井点管作为阴极，另埋设金属棒为阳极，土体中孔隙水为导体，形成一个回路。在电源的作用下带正电荷的孔隙水向井点管移动，将井点管中的集水抽出	利用电渗现象能有效地把细粒土中的水抽吸排出，降水效果较为充分	需要与轻型井点或喷射井点相结合才能使用，其降低水位的深度取决于轻型井点或喷射井点的深度。在降水过程中，需量测统计电压、电流密度和耗电量等，并进行必要的调整，同时做好相关数据记录，因此施工过程较为烦琐	渗透系数非常小的土体中的降水施工
管井降水	钻孔成井并埋设降水管井，地下水通过管井的滤口渗入管井中。此方法多为单井单泵（潜水泵或深井泵）的形式	管井井点直径大，出水量多，可满足对大面积深降水的施工作业要求	易对基坑周边的建筑物造成不均匀沉降的危害	渗透系数大同时地下水丰富的地层，轻型井点不易解决的场地。其每口管井出水流量可达到 50～100 m³/h，此方法一般适用于潜水层内的降水施工

根据表 3-8 的比较结果,同时综合经济、施工效率、对周围环境的影响等因素,决定采用如下所示的降水方式:

（1）在基坑上部二级坡的坡顶及一级平台处采用轻型井点降水的方式;

（2）在二级坡坡底采用井管降水的方式;

（3）在基坑中重力坝范围内的土方开挖采用管井降水的方式。

基坑外部降水施工内容主要包括:

（1）基坑坡顶及－4.5 m 一级平台设置施工轻型井点;

（2）在－8.1 m 坡脚设置施工疏干井点;

（3）围护桩外放坡区域轻型井点降水及深井降水。

降水需持续直到箱体土建施工完成。基坑外部降水井布置如表 3-9 和图 3-32 所列。

表 3-9　基坑外部降水井布置

井类型	数量	孔径/mm	井径/mm	滤管埋深/m	井深/m
坡顶	22 套	300	48	5	6
一级平台轻井	22 套	300	48	5	6
坡脚疏干井	66 口	650	273	2～19	19.3, 21

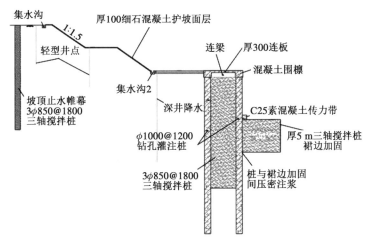

图 3-32　基坑外部降水井布置

基坑内部降水施工内容主要包括:

（1）基坑围护桩范围内下部降水作业;

（2）进出通道放坡降水及基坑内外排水。

降水分区进行（A，B，C 三个大区，共计 30 个小区），每个分区布置一口水位观测井，共计 30 口水位观测井。基坑内降水井布置如表 3-10 和图 3-33 所列。

表 3-10　基坑内降水井布置

井类型	数量	孔径/mm	井径/mm	滤管埋深/m	井深/m
基坑内疏干井	350 口	650	273	2～19	19.5，22
轻井降水	20 套	300	48	6	7

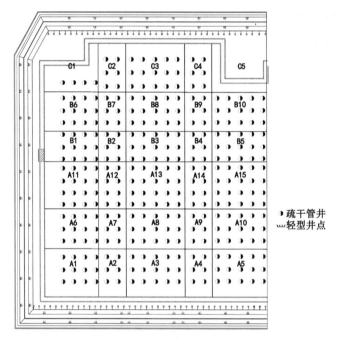

图 3-33　基坑内降水井平面布置

3.4.3.4　降水方案的验算

根据选定的降水方式，采用 Visual Modflow 软件对地下水流降水过程进行模拟。

1. 地下水渗流数学模型

地下水流和土体是由固体、液体、气体三相体组成的空间三维系统，其中土体可视为一种多孔材料。因此，地下水在土体中流动的问题本质上是地下水在多孔介质中流动的问题。而该问题又可进一步转换为一个三维非稳态渗流过程。

2. 地下水渗流数值模型

根据本工程的岩土勘察报告及水文地质条件,按以基坑为中心,边界布置在降水井影响半径以外的原则确定模拟区的平面范围。根据施工场地内的工程地质及水文地质报告,对模拟区进行模型网格剖分,由外到内逐步加密。形成的平面剖分图及模型立体离散图如图 3-34 和图 3-35 所示。

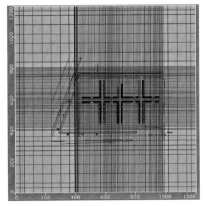
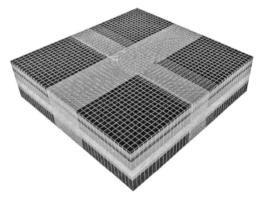

图 3-34　渗流模型平面剖分图　　　　图 3-35　渗流模型立体离散图

地下水渗流系统符合质量守恒定律和能量守恒定律。本工程含水层分布广、厚度大,在常温常压下地下水的运动符合达西定律。考虑浅层和深层之间的流量交换以及渗流特点,将地下水运动概化成空间三维流动。地下水系统的垂向运动主要是层间的越流,因此三维立体结构模型可以很好地解决越流问题。地下水系统的输入、输出随时间、空间变化,参数随空间变化,体现了系统的非均质性,但没有明显的方向性,所以参数概化成水平向各向同性。综上,模拟区可概化成均质水平各向同性的三维非稳定地下水渗流系统。模拟区水文地质渗流系统通过概化、单元剖分,即可形成地下水三维非稳定渗流模型。

数值模拟中的模拟期及相应计算周期视降水施工工期不同而设定不同值,在同一计算周期中,所有外部源汇项的强度保持不变。

为了克服由于边界的不确定性给计算结果带来随意性,定水头边界应远离源汇项。由于本工程基坑顶部周边设置有周圈的止水帷幕,坑外地下水向坑内补给时会受阻,故数值模拟以整个基坑的东、西、南、北最远边界点为起点,各向外扩展约 400 m。因此,实际计算平面尺寸为 1 200 m×1 200 m,四周均按定水头边界处理。

当数值模型准备好后,需要根据施工过程选择计算工况。以 C3 标(即北侧基坑)分区为例,C3 标基坑分为 A,B,C 三个大区,土方开挖为 A—B—C 顺序开挖,如图 3-36 所示。由此,确定如下三种工况。

图 3-36　C3 标基坑土方开挖示意

(1) A 区降水完成后进行土方开挖,然后进行 B 区降水施工,接着进行 C 区桩基施工,这种工况的基坑内、外水位埋深等值线图如图 3-37 所示。

图 3-37　工况一水位降深等值线图(单位: m)

（2）A区降水完成后进行底板施工，然后进行B区降水施工，待降水完成后进行挖土施工，接着进行C区降水施工，这种工况的基坑内、外水位埋深等值线图如图3-38所示。

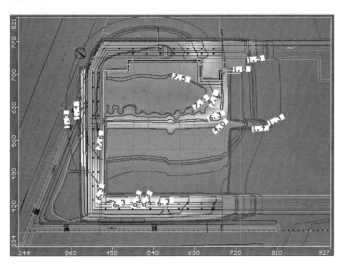

图 3-38　工况二水位降深等值线图(单位：m)

（3）A区降水完成后进行结构施工，然后进行B区降水施工，待降水完成后进行底板施工，接着进行C区降施工，待降水完成后进行土方开挖，这种工况的基坑内、外水位埋深等值线图如图3-39所示。

图 3-39　工况三水位降深等值线图(单位：m)

本工程基坑最大开挖深度 15.8 m。根据上海市工程建设规范《岩土工程勘察规范》(GBJ 08-37—2012)中 12.3.3 条对⑧$_2$ 层承压水水头的稳定性安全系数进行了估算,判别基坑开挖后是否处于抗底部承压含水层突涌稳定的状态。计算中,基坑按最不利组合因素考虑:最大深度 15.8 m、承压水埋深 3.0 m、层顶埋深取 53 m。计算结果表明:第⑧$_2$ 层承压水不存在突涌的可能。因此,本工程的降水施工采用疏干地表水的形式。

3.4.3.5 深井降水施工

为便于降水施工,深井的降水口应高于地面或支撑面以上 0.50 m,以防止地表污水渗入井内。降水口一般采用优质黏土或水泥浆封闭,深度不小于 1.50 m。各类管井的井壁管均采用内径 273 mm 的焊接钢管。各类深度的深井构造如图 3-40 所示。

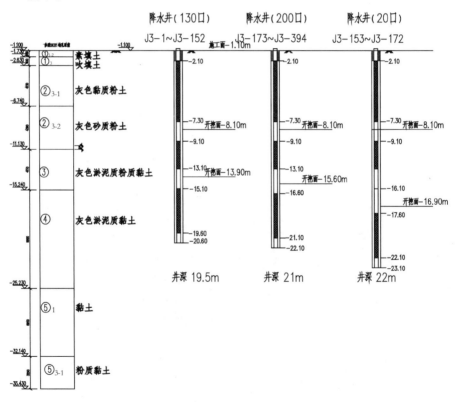

图 3-40　深井降水剖面示意

各类管井均采用圆孔滤水管和沉淀管。其中,滤水管的直径与井壁管的直径相同,外包二层 40 目的尼龙网。然后采用 16# 扎丝分档捆紧(每档 0.8～1 m),以防止下井管过程中发生滤网脱落现象。沉淀管可以保证过滤器不致因井内沉砂堵塞而影响进水。沉淀管接在滤水管底部,直径与滤水管相同,长度为1.00 m,并将底口封死。

为了防止地下泥沙过多排出而影响周围环境,根据本工程的土层特点(黏土为主)和降水经验,选择小颗粒瓜子片(石屑)作为滤料。此滤料渗透性好,又能过滤泥沙。填黏性土封孔,在滤料的围填面以上采用优质黏土围填至地表并夯实。

深井降水的施工流程如图 3-41 所示。施工过程主要涉及如下所述的工艺。

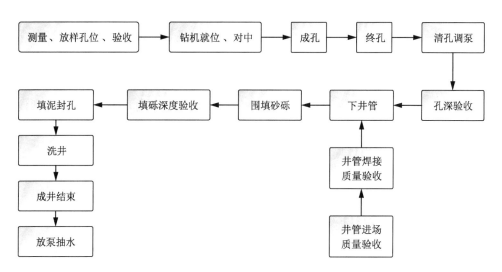

图 3-41　深井施工流程

(1) 测放井位。

根据降水井井位平面布置图测放井位,当布设的井点受地面障碍物或施工条件的影响时,现场可作适当调整。

(2) 埋设护口管。

护口管底口应插入原状土层中,管外应用黏性土封严,防止施工时管外返浆,护口管上部应高出地面 0.20～0.30 m。

(3) 安装钻机。

机台应安装稳固水平,大钩对准孔中心。大钩、转盘与孔的中心三点成一线。

(4) 钻井成孔。

降水井的开孔孔径为 650 mm 并沿井深不变。钻井开孔时应保证钻井的垂直度。钻井过程中采用孔内自然造浆,泥浆比重控制在 1.10～1.15。当提升钻具或停工时,孔内必须压满泥浆,以防止孔壁坍塌。

(5) 清孔换浆。

下井管前的清孔换浆工作是保证成井质量的关键工序。为了保证成孔在进入含水层部位不形成过厚的泥皮,当钻至含水层顶板位置时开始加清水调浆。钻井至设计标高后,在提钻前将钻杆提至离孔底 0.50 m 处,清除孔内杂物。同时将孔内的泥浆相对密度逐步调至 1.05,直至返出的泥浆内不含泥砂为止。

(6) 下井管。

井管进场后,应检查过滤器的缝隙是否符合设计要求。下管前必须测量孔深,符合设计要求后开始下井管。下管时在滤水管上、下两端各设一套直径小于孔径 5 cm 的扶正器,以保证滤水管居中。井管焊接要牢固且垂直,待其下到设计深度后将井口固定居中。下井管过程应连续进行,不得中途停止。如因机械故障等原因造成孔内坍塌或沉淀过厚,应将井管重新拔出,经清孔后重新下入。

(7) 填砾料(小颗粒瓜子片、石屑)。

填砾料前在井管内下入钻杆至离孔底 0.30～0.50 m 处。井管上口加闷头密封后,从钻杆内泵送泥浆进行边冲孔边逐步调浆使孔内的泥浆从滤水管内向外由井管与孔壁的环状间隙内返浆,使孔内的泥浆相对密度逐步调到 1.05。然后开小泵量按沉井的构造要求填入砾料,并记录砾料的高度,直至砾料到达预定位置为止。

(8) 井口封闭。

为防止泥浆及地表污水从管外流入井内,在地表以下回填 2.00 m 厚黏性土止水或采用水泥浆封孔。当土方开挖到支撑面停挖后,根据需要可将井管四周的砂砾清出并回填黏土密实,深度为支撑面以下 0.5 m。

(9) 洗井。

在提出钻杆前利用井管内的钻杆接上空压机先进行空压机抽水洗井,待井能出水后提出钻杆再用活塞洗井。活塞必须从滤水管下部向上拉,将水拉出孔口。对出水量很少的井可将活塞在过滤器部位上下窜动,冲击孔壁泥皮。此时应向井内边注水边拉活塞。当活塞拉出的水基本不含泥砂后,可换用空压机抽水洗井吹出管底沉淤。这是因为,当压缩空气通过进气管通到排水管下部时,排水管中的水气混合物密度小于排水管外的泥水混合物密度,由此产生管内外的压力差。此时,排水管外的泥水混合物在压力差作用下流进排水管内。于是,井管内就形成了水、气、土三相混合物,密度随掺气量的增加而降低。随着混合物不断被带出井外,滤料中的泥土成分越来越少,直至清洗干净。当井管内泥砂多时,可采用"憋气沸腾"的办法,即反复关闭、开启出水管的阀门,利用井中水的沸腾来破坏泥皮和泥砂滤料的黏结力,直至井管内排出的水由浑变清并达到正常出水量为止。

洗井应在下完井管、填好滤料后立即进行,以免时间过长导致护壁泥皮逐渐硬化,影响渗水效果。绝不允许搁置时间过长或完成钻探后集中洗井。

(10)安泵试抽。

成井施工结束后,在降水井内及时下入潜水泵与接真空管、排设排水管地面真空泵安装、铺设电缆等。电缆与管道系统在设置时应注意避免在抽水过程中被挖土机、吊车等碾压、碰撞损坏。因此,现场要在这些设备上进行标识。抽水与排水系统安装完毕,即可开始试抽水。先采用真空泵与潜水泵交替抽水,真空抽水时管路系统内的真空度不宜小于-0.04 MPa,以确保真空抽水的效果。

(11)抽水试验。

本工程正式降水施工前,基坑内需针对各土层开展现场群井抽水试验。一方面检查围护封闭情况,另一方面测定各含水层的水文地质参数(水头埋深、渗透系数、贮水率等),以便提供可靠依据以优化及调整后期的抽水运行方案。

3.4.3.6 轻型井点降水施工

轻型井点降水施工流程如图 3-42 所示,主要施工步骤包括:①定位放线;②成孔;③安装井点管;④填滤料、封口;⑤管路连接、检查;⑥抽水。施工过程主要涉及如下所述的工艺。

(1)定位放线。

通过测量仪器定出井点轴线位置,用麻线和卷尺正确定出井管位置,并严格按照规范要求进行成孔。井管平面位置偏差不大于 20 cm。

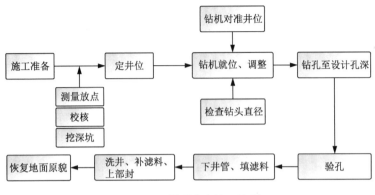

图 3-42　轻型井点施工流程

（2）成孔。

在井点安装前应预挖深约 1.0 m 的沟槽以防止在冲孔过程中冲孔用水四溢，保证降水效果。井点管与井点管间距为 800～1 000 mm。井点降水成孔施工采用水冲法。该方法是用高压水冲刷土体并用冲管扰动土体助冲，将土层冲成圆孔后埋设井点管，成孔孔径不小于 300 mm，井点管间距 1.50 m。冲孔深度应比井点管底部深 0.5 m，以确保滤管四周及底部的滤水层。

（3）安装井点管。

冲孔成功后，应立即放入井点管，井点管采用直径 38 mm 的钢管。过滤管外侧包裹滤网，内层为网眼 3～10 孔/cm² 的细丝网。井点管应位于孔的中心，垂直度允许误差为 1%。

（4）填滤料及封口。

井点管放置后，在管壁周围填滤料。滤料采用粗砂，灌砂高度至孔口以下 1 m 处，以确保水流畅通。填滤料时注意填滤速度，避免中部架空。同时滤料投入量不得少于计算量的 90%。当填砾至孔口 1 m 左右时，改换用黏土逐层填入捣实封口，从而实现真空降水。

（5）管路连接。

采用内径 38 mm、长约 0.7 m 的软管连接井管与集水总管。集水总管的直径为 60 mm、长度为 6 m，用钢丝管连接。在管壁每 1～2 m 处设置一个连接井管的接头，并与抽水泵连接。安装过程中各连接点必须密封，井点真空度不小于 0.65 MPa。

（6）管路检查。

检查集水干管与井点管连接的胶管的各个接头在试抽水时是否有漏气现象，发现这种情况应重新连接或用黄油堵塞。在正式运转抽水之前必须进行试抽，以检查抽水设备运转是否正常、管路是否存在漏气现象。在水泵进水管上安装一个真空表，并定时检查真空度。

（7）试抽水。

安装集水箱和排水管，开动水喷射泵机组进行排气排水，及时进行试抽水，使井点系统的滤管吸水畅通。检查真空度、出水量、水喷射泵机组运转是否异常。发现问题及时进行检修，确保井点系统正常运转。

（8）抽水。

整个抽水管路无漏气现象，可以投入正常抽水作业。开机 3 d 后将形成地下降水漏斗井趋向稳定。土方工程可在降水 5 d 后开挖。

3.4.3.7　地表集水排水施工

本工程施工恰逢雨季，降水量较大。为解决这一问题，在基坑放坡开挖的坡顶、二级放坡的坡脚以及基坑双排桩重力坝靠近基坑内部各设置了一圈排水沟，如图 3-43 所示。参照基坑开挖面积及往年瞬时最大降水量，排水沟每隔 40 m 处设置一个集水井。

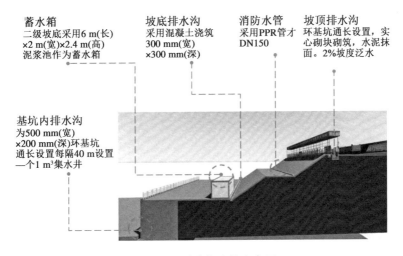

图 3-43　地表集水排水布置

3.4.4 无内支撑基坑开挖

3.4.4.1 基坑开挖概述

本工程基坑尺寸为 575 m×344 m，最大开挖深度为 15.8 m，分为上部基坑和下部基坑。土方开挖分为两个阶段进行：第一阶段基坑挖深 7 m（自−1.1 m 自然地坪开挖至−8.1 m，完成二级护坡）；第二阶段从−8.1 m 护坡平台标高开挖至坑底标高，分成挖深 5.8 m、6.8 m 和 8.8 m 三种情况。

3.4.4.2 周边环境

本工程位于上海浦东新区合庆镇，基坑东北侧和东南侧为原污水处理厂区，西北侧邻近张家浜，西南侧邻近向阳河与人民塘路，如图 3-44 所示。地块全地下结构污水处理设施处现为平地。场地内除南部原养猪场拆迁后地表有水泥地坪和建筑垃圾外，其余地方均为农田。东侧和南侧基坑边界处为海塘备堤，堤身结构主要是素填土。可见，本工程基坑围护周边环境较简单、场地空旷，已有建筑物均在 3 倍基坑开挖深度范围之外。

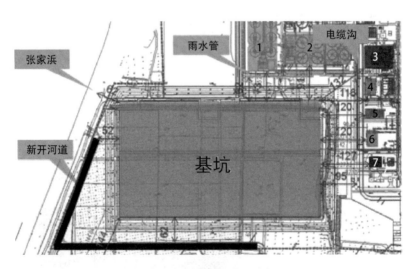

图 3-44　基坑和周边建、构筑物距离

3.4.4.3 上部基坑土方开挖

一阶段上部基坑施工总体分为 A，B，C 三个大区，如图 3-45 所示。总体施工顺序如下：首先施工 A 区，A 区分 A1 和 A2 两个工区，A1 区分 8 个小区(A1-1～A1-8)，A2 区分 8 个小区(A2-1～A2-8)。然后施工 C 区，C 区分 C1 和 C2 两个工区，C1 区分 8 个小区(C1-1～C1-8)，C2 区分 8 个小区(C2-1～C2-8)。最后施工 B 区，B 区分 B1 和 B2 两个工区，B1 区分 9 个小区(B1-1～B1-9)，B2 区分 9 个小区(B2-1～B2-9)。各分区土方量统计见表 3-11—表 3-13，总计约 144 万 m³。

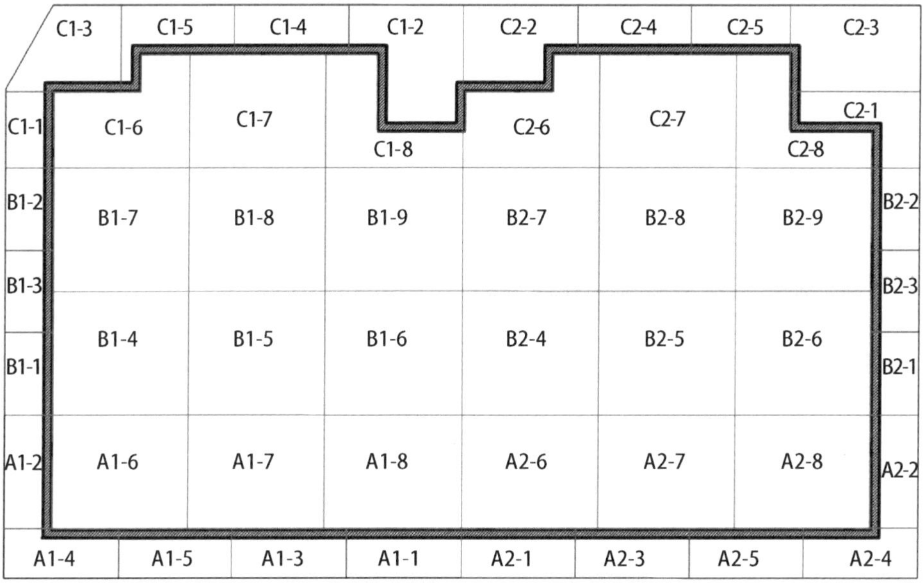

图 3-45　上部基坑(一阶段挖土)分区布置

表 3-11　上部基坑挖土 A 区土方量统计

土方开挖部位	开挖顶标高 /m	开挖底标高 /m	开挖深度/m	土方量 /m³
第一层 土方开挖	−1.100	−4.500	3.4	187 436
第二层 土方开挖	−4.500	−8.100	3.6	171 923
合　计				359 359

表 3-12　上部基坑挖土 B 区土方量统计

土方开挖部位	开挖顶标高/m	开挖底标高/m	开挖深度/m	土方量/m³
第一层土方开挖	−1.100	−4.500	3.4	374 872
第二层土方开挖	−4.500	−8.100	3.6	343 846
合　计				718 718

表 3-13　上部基坑挖土 C 区土方量统计

土方开挖部位	开挖顶标高/m	开挖底标高/m	开挖深度/m	土方量/m³
第一层土方开挖	−1.100	−4.500	3.4	187 436
第二层土方开挖	−4.500	−8.100	3.6	171 923
合　计				359 359

　　基坑土方开挖采用分区分阶段明挖顺做的方法。各区域挖土注重"时空效应"，以"分层、对称、限时开挖，严禁超挖"为原则。根据基坑开挖及护坡施工的不同阶段确定四类工况，对应的施工流程如下。

　　(1) 工况一(图 3-46)。

　　开挖至标高 −2.100 m 并将表面耕土外运保存。在基坑坡顶打设轻型井点降水，并设置 300 mm×300 mm 排水沟。然后，在 −2.100 m 标高处施工坡脚真空管井。同时，在 A，B 区分界位置开挖 2.5 m 深沟槽以隔断 B 区水源，并在基坑内部进行轻型井点的施工。

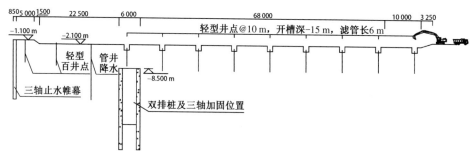

图 3-46　上部基坑 A 区挖土工况一(单位：mm)

（2）工况二（图 3-47）。

当边坡开挖范围（15 m）内的地下水水位稳定在一级放坡开挖面－4.5 m 下 1～2 m 位置时，在基坑边坡处开挖至标高－4.500 m。边坡开挖按照 50 m 长度分块、分段、对称开挖。开挖完成后及时施工混凝土护坡，基坑内部的轻型井点继续进行基坑降水。

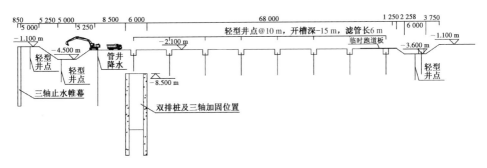

图 3-47　上部基坑 A 区挖土工况二（单位：mm）

（3）工况三（图 3-48）。

当边坡开挖范围（15 m）内的地下水水位稳定在－9.100 m 时，在基坑边坡处开挖至标高－8.100 m，并做混凝土护坡，坡脚设置 300 mm×300 mm 排水沟。同时在基坑内开始进行分块土方开挖，单块开挖面积约为 3 500 m^2，临时放坡比为 1：2。轻型井点根据挖土进度逐步拔除。

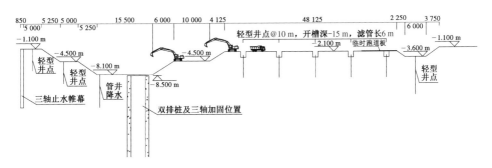

图 3-48　上部基坑 A 区挖土工况三（单位：mm）

（4）工况四（图 3-49）。

当 A 区全部开挖至标高－8.100 m 时，移除 A，B 区分界处降水井点。然后进行 B 区开挖，形成流水作业。

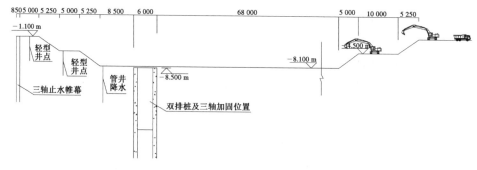

图 3-49　上部基坑 A 区挖土工况四(单位：mm)

3.4.4.4　下部基坑土方开挖

根据本工程结构设计方案将下部基坑土方开挖分为三大区施工：A 区、B 区、C 区，如图 3-50 所示。总体施工顺序为：首先施工 A 区，A 区分 15 个小区(A1～A15)；然后施工 C 区，C 区分 5 个小区(C1～C5)；接着施工 B 区，B 区分 10 个小区(B1～B10)。二阶段挖土的各分区土方量统计见表 3-14。

A1	A6	A11	B1	B6	C1
A2	A7	A12	B2	B7	C2
A3	A8	A13	B3	B8	C3
A4	A9	A14	B4	B9	C4
A5	A10	A15	B5	B10	C5

图 3-50　基坑分区块布置

表 3-14　二阶段土方开挖量统计

序号	区域	土方量/m³
1	A 区	295 654
2	B区	119 160
3	C 区	60 745
4	总方量	475 559

为了便于土方开挖过程中车辆的进出，在基坑的西侧、北侧设置 2 条坡比为 1:8 的入坑通道，如图 3-51 所示。每处入坑通道设置两条车道与环基坑道路连通，车道宽度为 4 m(底部扩至 18 m)，转弯半径为 18 m 和 12 m 两种。入坑通道的两侧放坡坡顶处采用双轴搅拌桩作为止水帷幕，车道下方采用搅拌桩土体加固。入坑坡道的垫层为 200 mm 厚碎石，面层为 300 mm 厚 C30 混凝土内配双层双向钢筋。坡顶与通道边护坡经混凝土硬化处理。同时，入基坑通道基坑侧设

置现浇混凝土防撞挡墙,保证行车安全。

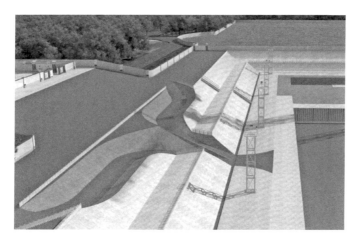

图 3-51 基坑入坑通道设置

基坑内布置十字形施工便道,通道标高−8.1 m、宽 16 m、总长 540 m、坡比1∶1.5。坡边进行双轴搅拌桩土体加固处理,如图 3-52 所示。通道基层 200 mm厚碎石垫层处理,通道 300 厚 C20 混凝土内配单层双向钢筋。

图 3-52 基坑内通道图

与上部基坑相同,下部基坑土方开挖也采用分区分阶段明挖顺做的方法。各区域挖土注重“时空效应”,以“分层、对称、限时开挖,严禁超挖”为原则。根据施工的不同阶段确定十类工况,对应的施工流程如下。

（1）工况一（图 3-53）。

A1～A5 区深井降水完成后，A1，A5 区进行土方开挖；A11～A14 区、B1～B5 区降水施工。

图 3-53　工况一示意

（2）工况二（图 3-54）。

A1，A5 区垫层及防水施工，A7，A9/A2，A4（一半）区进行土方开挖；B1～B5 区、B6～B10 区、C1～C5 区降水施工。

图 3-54　工况二示意

（3）工况三（图 3-55）。

A2，A4，A6，A10 区挖土施工；A7，A9 区垫层防水施工；A1，A5 区底板施工；C1，C5 区降水施工。

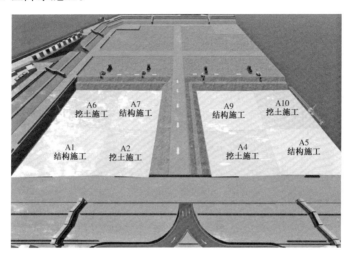

图 3-55　工况三示意

（4）工况四（图 3-56）。

A1，A5 区 B2 层施工；A7，A9 区底板施工；A2，A4，A6，A10 区防水垫层施工；A12，A14 区挖土施工。

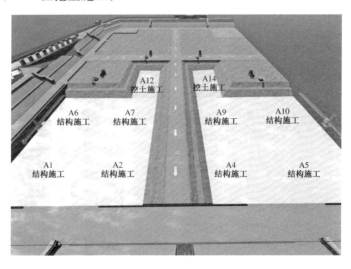

图 3-56　工况四示意

（5）工况五（图3-57）。

A1，A5，A7，A9区B2层施工；A2，A6，A4，A10区底板施工；A12，A14区防水垫层施工；A3，A11，A15区挖土施工。

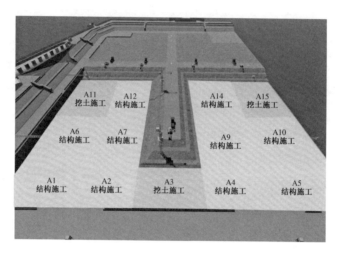

图3-57　工况五示意

（6）工况六（图3-58）。

A1，A5，A7，A9区B1层墙柱施工；A2，A4，A6，A10区B2层施工；A3，A11，A15区防水垫层施工；A12，A14区底板施工；A8，A13，C2，C4，C5区挖土施工。

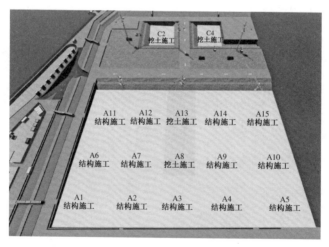

图3-58　工况六示意

（7）工况七（图 3-59）。

A2，A4，A6，A7，A9，A10 区 B1 层墙柱施工；A12，A14 区 B2 层施工；A13，C2，C4 区防水垫层施工；A3，A8，A11，A15 区底板施工；B6，B10 区挖土施工；A1，A5 区 B0 板预制构件吊装施工。

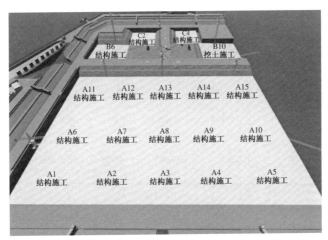

图 3-59　工况七示意

（8）工况八（图 3-60）。

A6，A7，A9，A10，A12，A14 区 B1 层墙柱施工；A3，A8，A11，A15 区 B2 层施工；A13，B6，B10，C2，C4 区底板施工；B1，B5，B7，B9 区挖土施工；A1，A2，A4，A5 区 B0 板预制构件吊装施工。

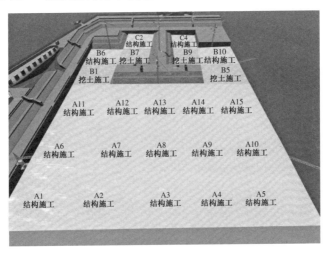

图 3-60　工况八示意

(9) 工况九(图3-61)。

A3，A8，A11，A12，A14，A15区B1层墙柱施工；B1，B5，B7，B9区底板施工；A13，B6，B10，C2，C4区B2层施工；B2，B4，C1区挖土施工；A1，A2，A4，A5，A6，A7，A9，A10区B0板预制构件吊装施工。

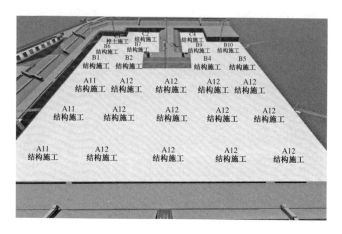

图3-61　工况九示意

(10) 工况十(图3-62)。

A11～A15，B6，B10，C2，C4，C5区B1层墙柱施工；B2，B4，C1区底板施工；B1，B5，B7，B9区B2层施工；B3，B8，C3区挖土施工；A1～A10区B0板预制构件吊装施工。

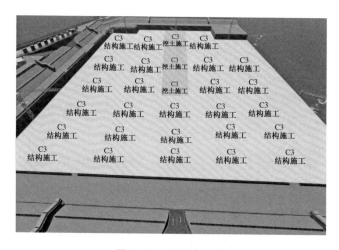

图3-62　工况十示意

3.4.5　无内支撑基坑开挖施工质量控制

3.4.5.1　三轴搅拌桩施工

首先,检查导沟开挖平面的宽度、深度及垂直度。检查机头是否对正桩位轴线,龙门立柱垂直度偏差不大于 1/200。严格控制水泥浆液水灰比,督促施工单位严格按照设计的配合比配制,并做到挂牌施工。

检查浆液拌注设备及有关计量设备是否完好,管路接头是否严密,杜绝跑冒滴漏。督促施工单位做好注浆液制备,其水泥浆液的水灰比宜控制在 1.5(不得超过设计要求的 1.2～1.5),确保水泥浆中的水泥掺量不少于水泥土桩体重量的 20%,每台班检测不少于 3 次(可根据实际情况增加测量频率)。

搅拌成桩孔及注浆施工过程中经常检查桩机的定位是否正确、机身是否垂直平稳。桩机移位距离必须确保套钻成桩,一般宜纵向隔孔跳钻,且相邻两桩施工时间间隔不超过 24 h。当超过 24 h 时应采取可靠补救措施,确保成桩的垂直度及无缝连续,以便达到较好的止水效果。

最后,严格控制桩机钻头的下沉和提升速度。下沉速度宜按照 0.6～0.8 m/min 进行控制,提升速度宜控制在 1.6 m/min 左右,以确保水泥土充分搅拌。施工过程中必须严格做到二次喷浆,当钻头下沉到设计要求的深度后,在提升桩机旋转杆的同时启动注浆泵开始喷浆。出口压力一般保持在 1.5～2.5 MPa,使水泥浆自动连续喷入桩体土中。在施工过程中如因故停止注浆,必须将钻头下沉至停浆点以下 1 m,待恢复供浆开泵时再喷浆提升。

3.4.5.2　灌注桩施工

施工前监理人员应复核测量基准线、水准基点及每个施工桩位控制点,并检查其保护措施是否可靠,控制桩位放样偏差不大于 20 mm。检查护筒制作材料、护筒内径、护筒长度及护筒的埋设位置是否符合规范及设计要求。核查钻机定位是否准确、水平、稳固,钻机回转盘中心与护筒中心的允许偏差控制在 20 mm 内。钻头直径尺寸不小于设计桩径并有 2 400 mm 长的导向装置。

1.　钻孔施工

开机钻进时先轻压、慢转并控制泥浆泵量,并根据试成孔确定的数据控制钻进参数。在本工程黏性土体中根据泥浆补给情况确定转速,在粉砂成土体中保证钻机不发生跳动,同时减慢钻进速度以防塌孔。成孔施工必须一次不间断完成,不得无故停钻。加接钻杆时先将钻具稍提离孔底,待泥浆循环2~3 min后再拧卸加接钻杆。在相邻混凝土刚灌注完毕的邻桩旁成孔施工时,其安全距离不宜小于4倍桩径或最少时间间隔不少于36 h。钻进过程中如发生斜孔、塌孔、护筒周围冒浆时停钻,采取措施后再进行钻进。钻孔完成后应测量确认终孔深度符合要求。

2. 清孔施工

根据施工组织设计,本工程将采用正循环方式清孔。在成孔完毕后利用成孔钻具直接进行第一次清孔。在钢筋笼及灌注混凝土的导管安装完毕后利用灌注混凝土的导管输入泥浆进行第二次清孔。第一次清孔时间不宜限定,根据钻具回落孔底的沉渣厚度和泥浆密度来决定清孔是否可以结束。第一次清孔结束后及时针对表3-15中的项目进行检测,并确保结果在允许偏差范围内。

表3-15　第一次清孔检查项目

序号	项目	允许偏差	检验方法
1	孔径	≤30 mm	超声波测井仪
2	倾斜率	≤1/150	超声波测井仪
3	孔深	≤300 mm	核定钻头和钻杆长度
4	桩位	≤20 mm	用钢卷尺测量

当第一次清孔完成后,提出钻具、测量孔深、安放钢筋笼及混凝土导管后进行第二次清孔,清孔时间一般控制在20~30 min。第二次清孔结束后及时针对表3-16中的项目进行检测,并确保结果在允许偏差范围内。

表3-16　终孔项目检查

序号	参数	允许偏差	检验方法
1	泥浆相对密度	1.15~1.20	用比重计
2	孔底沉渣厚度	≤50 mm	用带圆锥形测锤的标准水文测绳

清孔结束后应保持水头高度并应在30 min内灌注混凝土,否则应重新测定泥浆密度和孔底沉渣厚度,若超出允许要求应重新清孔。

3. 钢筋笼半成品验收

对施工现场的钢筋笼半成品的质量验收主要包括:查验钢筋原始质量证明文件及复试报告,注意钢材批量、规格;严格按设计要求查验钢筋规格、长度、数量、连接方式;检查钢筋表面是否有油污、锈蚀及局部弯折现象;实测钢筋笼制作的相关尺寸,按表 3-17 要求的允许偏差控制。

表 3-17　钢筋笼质量检查

项目	主筋间距	分布筋间距	钢筋笼长度	钢筋笼直径	钢筋笼安装深度	保护层
允许偏差/mm	±10	±20	+100	±10	+100	±20

4. 混凝土灌注施工

混凝土灌注桩施工的混凝土浇筑必须连续进行,单桩灌注混凝土的工艺参数如表 3-18 所列。

表 3-18　混凝土灌注质量检查

项目	灌注时间/h	充盈系数	坍落度/mm
参数	≤12	1.0～1.3	180～220

5. 成品检验

钻孔灌注桩工程应在基坑开挖至设计标高后进行验收。根据《钻孔灌注桩施工规程》7.3.2 条规定,混凝土试件强度应比设计桩身强度提高一级。实测桩位允许偏差为≤20 mm。并由第三方上海勘测设计研究院对桩身完整性采用低应变动测法进行了检测,结果符合设计及规范要求。

3.4.5.3　压密注浆

施工中监理人员应检查注浆孔水平偏差不大于 5 cm,孔深误差小于孔深的 1%。水平偏差根据排距和点距尺量检查,孔深误差用水准仪及测深仪检测。本工程选用水泥-水玻璃双液快凝浆液,监理人员主要检查浆液的黏度、比重、注浆压力、注浆量和注浆流量,各指标控制在表 3-19 范围内。在注浆结束 28 天后采用静力触探对加固土体地层进行检测,检测结果应符合设计及规范要求。

表 3-19　注浆质量控制

指标	黏度	比重	注浆压力	注浆量	注浆流量
参数	18～30 s	1.15～1.4	0.4～0.6 MPa	7%	10～20 L/min

3.4.5.4　基坑开挖

在基坑开挖前,监理部向施工单位下发了工作联系单《关于基坑开挖相关事宜》,明确了基坑开挖的注意事项。要求施工单位按基坑开挖条件验收检查表中的内容逐一排查完成,并上报监理。经监理逐项复核合格后,由总监理工程师签发开挖令。

由于地埋式污水厂开挖面积大、取土量大,使用的重型设备和运输车辆多且载重量大,对基坑内土体扰动大,长时间的碾压会造成桩基竖向位移和水平位移,因此须对施工便道提前规划处理并加强管理。

基坑开挖严格按照审批的施工方案进行施工,以分层、分段、对称、均衡、适时为基本原则。先挖较深的基坑,待完成其基础施工后方可进行较浅的基坑开挖。基坑挖土分层进行,分层厚度可根据具体情况确定,一般为 $2\sim3$ m。开挖采用的围护结构系统必须符合设计文件中的规定。挖土过程中应密切注意并及时妥善处理围护结构的渗漏问题。机械开挖土方必须留有不少于 30 cm 的保护层。整个挖土过程需要做到边挖边测,不能超挖或欠挖。

3.4.5.5 基坑降水

降水施工中监理主要对管井的滤头和滤料的施工质量进行监控。滤头管壁的滤孔直径一般为 5 mm,间距为 $20\sim25$ mm。滤头管壁外部包 $1\sim2$ 层 $30\sim40$ 目的尼龙网,包裹搭接方式必须保证下管时尼龙网不脱落。滤料宜分层分类安放,下层用中粗砂,上层用粒径为 $10\sim25$ mm 的碎石,以防止下部细泥砂上涌。滤料投放时应满足:

(1) 滤料投放前清孔并稀释泥浆至密度为 1.05 g/cm^3;

(2) 滤料沿井管周围均匀投放,投放量不得小于计算量的 95%,不能用翻斗车一次投放;

(3) 滤料填至井口下 2 m 左右时用黏性土填实夯实。

降水井周围必须布置水位观测孔,对基坑内外的水位变化进行监控。临近地表水、地下给排水管道附近的渗水层和邻近建筑物时,应增加观测点。降水期间对地下水的水位、流量和各类降水设备运转情况进行观测。降水前定期观测初始水位高程,在雨季应增加观测密度。降水抽出的地下水含泥量应符合规定,若发现水质浑浊,应分析原因并及时处理。

施工过程中不得间断降排水,并对降排水系统进行检查和维护。构筑物未具备抗浮条件时,严禁停止降排水。降水全过程必须做好坑外邻近建(构)筑物、地下管线等的监测工作。当建(构)筑物、地下管线的变形速率或变形量超过警戒值时,立即采取紧急措施来控制对周围环境的有害影响。降水井点系统设双路电源供电或设置急发电设备,确保连续供电。工地现场备足水泵,抽水期间每天 24 h 值班,同时做好抽水记录,并上报。

3.5 基坑变形监测及效果

3.5.1 基坑监测过程

基坑支护结构及周边建筑环境的变形监测是支护工程设计和施工的重要组成部分。通过监测可及时掌握基坑支护的安全程度、稳定状态和支护效果，为设计调整和施工开展提供信息，指导施工方案的调整实施。

本工程基坑安全等级为一级，结合本工程的特点，基坑围护监测的项目包括：

（1）围护顶部及坡顶坡脚垂直、水平位移监测；

（2）围护结构/土体侧向深层水平位移（测斜）监测；

（3）坑外潜水水位观测。

现场检查监测点的数量、位置及测量方法符合方案和规范的要求。本工程采用的监测点布置和数量分别如图 3-63 和表 3-20 所列。各观测点根据施工进度及时设置，并及时测得初始值。观测次数不少于 3 次，取连续 3 次观测值的平均值作为动态观测的初始测值。

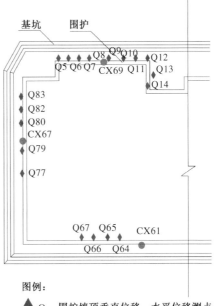

图例：

◆ Q 围护墙顶垂直位移、水平位移测点

● CX 围护墙体深层水平位移测点

图 3-63 基坑代表性测点位置布置

表 3-20 工程监测点汇总

序号	项目名称	测点数	备注
1	围护结构顶部垂直位移监测	62	共用点
2	围护结构顶部水平位移监测	62	
3	坡顶垂直位移监测	89	共用点
4	坡顶水平位移监测	89	

（续表）

序号	项目名称	测点数	备注
5	围护结构深层水平位移监测（测斜）	47	
6	土体深层水平位移监测（测斜）	42	
7	坑外潜水水位观测	19	

　　检测单位应及时向监理提交各类监测报告，以便监理掌握基坑开挖对围护结构的影响，及时采取措施保证基坑围护安全。若发现监测点数据超过报警阈值，应立即停止监测点所在区域的开挖施工，并会同勘察和设计单位提出围护加固方案。施工单位在围护结构加固稳定后，经监测单位检测水平位移并确认其稳定后再开挖施工。此外，还应注意对监测点的保护，以免遭受损坏，保证检测数据的准确性。

3.5.2　数据分析与结论

　　监测数据包括三个方面：①围护墙顶垂直位移；②围护墙顶水平位移；③围护墙体深层水平位移（倾斜）。其中，Q64～Q67围护墙顶垂直位移监测点历时曲线如图3-64所示。可以看出，在开挖初期，围护因受土层变形摩擦，因此局部呈隆起状。随着基坑内土方的大量卸载，土体压力的释放和土体应力场的改变，围护最终表现为明显的隆起趋势，待垫层与底板浇筑完成后逐步有沉降趋势。围护墙顶垂直位移在结构施工阶段基本处于平稳状态。

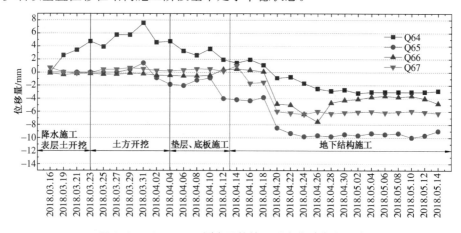

图 3-64　Q64～Q67 测点围护墙顶垂直位移变化曲线

围护墙顶水平位移监测点历时曲线如图 3-65 所示。可以看出,在基坑降水、表层土开挖初期,围护墙水平位移向基坑内位移趋势明显。在基坑大面积开挖过程中,随着基坑开挖深度的加深,围护墙顶位移变形在逐渐加大。在后续底板、结构施工阶段,围护墙顶水平位移监测数据呈缓慢收敛趋势,而后逐渐趋于稳定状态。

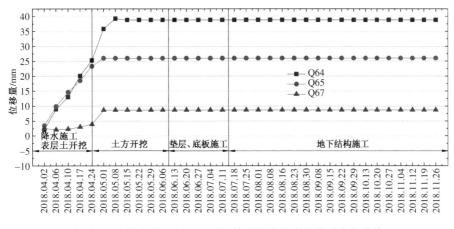

图 3-65　测点 Q64,Q65,Q67 的围护墙顶水平位移变化曲线

基坑开挖施工期间墙体测斜变化曲线如图 3-66—图 3-68 所示。可以看出,在基坑开挖阶段围护墙体向基坑内位移趋势非常明显。在垫层、底板施工形成后,围护墙体位移变形在逐渐减小。在后续结构施工期间,围护墙体变形在逐步减小并趋于稳定。

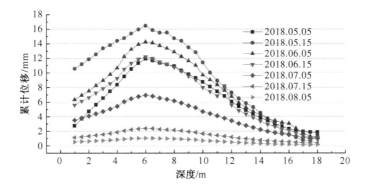

图 3-66　测点 CX61 的围护墙体深层水平位移变化曲线

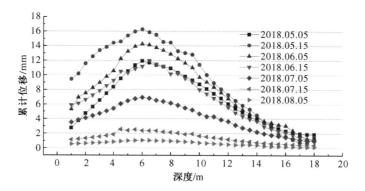

图 3-67　测点 CX67 的围护墙体深层水平位移变化曲线

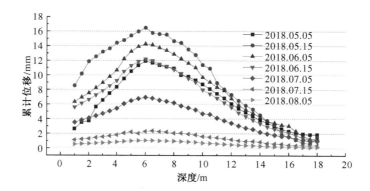

图 3-68　测点 CX69 的围护墙体深层水平位移变化曲线

根据监测结果,可以得到如下结论:

(1) 随着基坑开挖,围护结构由于基坑内土体卸载,坑内外土压力的平衡被打破,引起围护结构向坑内倾斜;

(2) 墙体测斜数据显示,围护结构变形最大值一般位于开挖面以上结构顶部(测斜管口处),并且最大变形值随着开挖深度的增加而下移;

(3) 围护结构变形一般在开挖到最后二层土至浇筑垫层期间变形最大,在底板、结构浇筑后一般情况下围护结构变形速率均能较快稳定;

(4) 在整个施工过程中,围护结构顶部垂直、水平位移和深层水平位移(测斜)等指标符合设计及规范要求。

综上,本工程基坑开挖的施工质量达到了既定要求。

3.6　本章小结

　　针对上海白龙港污水处理厂提标工程基坑规模大、深度深、内部结构不利于水平支撑等难点,采用了双排桩支护和大范围放坡相结合的基坑围护方案,形成了大规模深基坑的无内支撑施工技术。

　　本章首先回顾了双排桩支护技术的发展现状。其次,详细介绍了大规模深基坑无内支撑施工技术中的双排桩支护体系施工、基坑降水和基坑开挖三个关键步骤的技术细节。再次,阐述了无内支撑基坑开挖的施工质量控制要点。最后,对施工过程中基坑的变形进行了监测。监测结果表明,上海白龙港污水处理厂提标工程的基坑施工质量达到了既定的要求。

第 4 章

超长混凝土水池裂缝控制技术

4.1 概述

4.1.1 超长混凝土结构裂缝控制技术发展与现状

从 20 世纪 50 年代起,解决超长混凝土结构抗裂问题的主要手段是设置"永久伸缩缝"。关于伸缩缝的设计参数,各国规范有不同的规定,具体如表 4-1 所列。

表 4-1　部分国家和地区对抗裂问题中设施永久伸缩缝的规定

国家和地区	规范中的规定
苏联及东欧	连续式结构的伸缩缝间距,处于室内和土中的取 40 m,露天的取 25 m
德国	钢筋混凝土结构规范 DIN1045 有关温度变化对结构的影响只规定了计算温差的取值范围,对于伸缩缝间距等措施并无明确规定。实际设计中设置的伸缩缝,其间距一般为 30 m
法国	对不能自由膨胀收缩的结构应当考虑温度收缩影响。法国一些连续墙式结构设计采用 30～40 m 的伸缩缝间距
英国	处于露天条件下的连续浇灌钢筋混凝土构筑物最小伸缩缝间距为 7 m。在设计实践中,不同设计单位根据自己的经验进行设计
美国	美国混凝土协会中有 207 及 224 委员会专门从事混凝土、钢筋混凝土及大体积混凝土的裂缝研究,要求设计者对这类结构进行温度应力计算和配筋,在伸缩缝方面尚无明确规定,也没有给出具体计算方法,由设计者自己确定合理的伸缩缝间距
日本	《混凝土标准示方书》对大体积混凝土作了原则规定,要求采取措施控制温度裂缝,根据混凝土一次浇灌量和裂缝控制的要求设置施工缝。 《土木设计资料》要求对露天连续浇筑现浇混凝土的配筋,每米厚的钢筋断面大于 5 cm^2、横向间距小于 300 mm。同时要求混凝土的伸缩缝间距不大于 30 m,施工缝间距为 9 m

上述设置永久伸缩缝的抗裂措施会对建筑立面的美观造成一定影响,且施工较为不便,对施工水平的要求也较高。如果施工质量控制不当,不能确保止水带与混凝土的良好结合,则可能造成渗漏等问题。因此,我国工程人员尝试了采用其他方法代替永久伸缩缝。

1958 年,人民大会堂主体结构长 132 m,采用两条 1 m 宽的后浇带代替永久伸缩缝。这是我国大型公共及民用建筑中最早采用后浇带代替永久伸缩缝的案例。此后的几十年中,后浇带法逐渐在我国多项重大工程中推广应用,成为扩大伸缩缝间距乃至取消伸缩缝的有效技术措施。该措施有利于简化建筑构造和提高结构的抗震性能。

然而,后浇带的留设也给结构施工带来了一些新问题:①底板后浇带处钢筋密集,清理、凿毛等工作十分困难(图 4-1),容易造成开裂隐患;②后浇带贯穿整个地上和地下结构,大量隔断梁、板、墙,造成施工上的不便;③后浇带节点构造较为复杂(图 4-2),且对于深大基坑工程,后浇带将底板分为若干块,破坏了底板的水平支撑能力,需要额外采取措施,因此,总体来说增加了人力、物力和时间成本。

图 4-1 后浇带清理垃圾困难

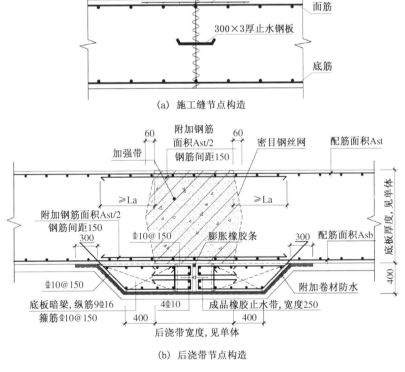

(a) 施工缝节点构造

(b) 后浇带节点构造

图 4-2 施工缝节点构造和后浇带节点构造(单位:mm)

为进一步发展超长混凝土抗裂施工技术,在20世纪70年代,我国著名混凝土抗裂专家王铁梦教授提出了超长混凝土抗裂中"抗放兼施"的先进概念,研发了控制超长大体积混凝土开裂的跳仓法技术,并成功运用于武汉钢铁公司、上海宝山钢铁厂等重大工程的建设中。几十年来,这种先进的抗裂施工技术运用于全国逾百项超长混凝土结构的施工,创造了显著的经济效益及社会效益。

2015年,北京《超大体积混凝土结构跳仓法技术规程》(DB11T 1200—2015)发布。2018年,《大体积混凝土施工标准》(GB 50496—2018)发布,其中包含了跳仓法技术相关内容。2019年,中国工程建设标准化协会《超长大体积混凝土结构跳仓法技术规程》(T/CECS 640—2019)发布,较为详细地给出了跳仓法施工的各项技术规定。可以预见,这一先进技术未来必将在全国得到更大范围的推广。

4.1.2　地下污水处理厂裂缝控制技术选择

地下污水处理厂在露天施工阶段承受的温度和湿度变化较为剧烈,而在回填竣工后的正常使用阶段温度变化幅度较小。特别是在上海等富水地区,回填后的混凝土处于良好的湿润状态,可以基本认为不再收缩。因此,地下污水处理厂裂缝控制技术的选择对于施工阶段和使用阶段的策略是不同的。在施工阶段,剧烈的温湿度变化以及显著的早期塑性收缩远远超过了混凝土受拉强度能够承受的范围,因此应该采用以"放"为主的技术措施予以应对。而在使用阶段,混凝土的温度变化幅度较小,可以采用以"抗"为主、"抗放"结合的技术措施。

由上述分析可见,跳仓法恰好完全符合地下污水处理厂裂缝控制的技术特点。早期将结构以较短尺寸间歇7~10 d释放应力。而后陆续进行封仓,利用混凝土弹性抗拉能力抵抗较小的剩余收缩应力。此外,在施工组织合理、质量控制到位的前提下,如果能够确保止水带与混凝土的良好结合,也可以选择结合留设永久伸缩缝进行综合抗裂施工。

4.2　超长混凝土水池裂缝控制理论与设计

4.2.1　混凝土收缩机理

混凝土的收缩是指混凝土在凝结硬化和使用过程中由于混凝土内部水分变

化、化学反应和温度变化等引起的体积减小。混凝土的收缩主要分为五大类：塑性收缩、温度收缩、碳化收缩、自生收缩和干燥收缩。

4.2.1.1　塑性收缩

塑性收缩是指混凝土在塑性阶段出现的体积收缩，也称为凝缩或沉缩。塑性收缩大多发生在混凝土拌和后的 $3\sim12$ h 内，即硬化前的塑性阶段，在终凝前比较明显。根据收缩原因和时间的不同，可将塑性收缩划分为以下四个阶段。

（1）塑性沉降阶段。新拌混凝土的固体颗粒之间完全被水充满。浇筑后固体颗粒下沉、水分上升，在混凝土表面形成泌水薄层。在这一阶段，混凝土表面不会发生收缩，因此体积变化一般很小。

（2）塑性收缩-泌水收缩阶段。混凝土表面水在热、风的作用下逐渐蒸发。当水分蒸发速度大于泌水速度时，混凝土出现体积收缩。这一收缩贯穿于凝结硬化的整个过程，通常认为是由于水分蒸发使毛细管压力增大所致。该阶段为主要塑性收缩阶段，收缩值可达数千微应变。

（3）自收缩阶段。随着水泥水化反应的进行，水化产物形成并包裹和填充固体粒子之间原来为水所充满的空间。水化反应使无水的水泥矿物变成水化产物，同时伴随着水化热的释放和绝对体积的化学缩减。在这个阶段中，塑性沉降和泌水收缩逐渐减弱，自收缩逐渐发展。虽然化学缩减最大值可达水泥与水总体积的 $8\%\sim10\%$，但在塑性阶段自缩量并不大，通常小于几百个微应变。混凝土的自收缩主要发生在凝结硬化以后。

（4）次要塑性收缩阶段。此阶段混凝土开始硬化，水泥水化速度减慢，塑性收缩逐渐停止，混凝土强度开始增长。

通常观察到的塑性收缩是上述塑性沉降、泌水收缩和自收缩的总和。这类收缩通常会受到内部和外部两种约束。内部约束来自粗细骨料及其所形成结构骨架，约束应力一部分在内部相互平衡，一部分做功形成混凝土内部为数众多的微裂缝。外部约束来自基础如路面、墙体或旧混凝土。约束的结果是混凝土表面出现塑性收缩裂缝。

4.2.1.2　温度收缩

在浇筑过程中，混凝土内部温度首先由于水泥水化而升高，然后又逐渐减小到环境温度。混凝土在这个降温过程中出现的收缩变形被称为温度收缩（冷缩）。如何防止冷缩开裂是混凝土技术中一个十分重要的问题。在无约束条件下,冷缩变形为混凝土热膨胀系数与温差的乘积。

混凝土的热膨胀系数一般分别为 $10 \times 10^{-6}/℃$,而骨料的热膨胀系数与骨料品种有关。对于石灰岩质骨料而言,热膨胀系数一般为 $(6 \sim 7) \times 10^{-6}/℃$。这三种材料热膨胀系数的差别使得混凝土在降温过程中产生了局部温度应力。

此外,由于混凝土材料的热传导性能较差,当混凝土的外部温度已经接近于环境温度时,内部温度可能仍处于原始状态。这种热传导过程的滞后性会在混凝土中形成较大的温度梯度及温度应力。

上述两种温度应力的叠加会使得混凝土出现较大的冷缩。研究表明,当混凝土内外温差为10℃和20℃~30℃时,冷缩分别可达0.01%和0.02%~0.03%。

4.2.1.3 碳化收缩

大气中的CO_2可与混凝土中的 $Ca(OH)_2$ 和 CSH 凝胶等物质发生如下化学反应:

$$Ca(OH)_2 + CO_2 \longrightarrow CaCO_3 + H_2O$$
$$C_{1.7}SH_4 + 1.7CO_2 \longrightarrow 1.7CaCO_3 + 2SiO_2 \cdot 4H_2O$$
$$C_3S + 3CO_2 + \alpha H_2O \longrightarrow 3CaCO_3 + SiO_2 \cdot \alpha H_2O$$
$$C_2S + 2CO_2 + \alpha H_2O \longrightarrow 2CaCO_3 + SiO_2 \cdot \alpha H_2O$$

在这些化学反应过程中,生成物的摩尔体积小于反应物。由此而导致的体积变化被称为碳化收缩。

碳化收缩与化学反应速率密切相关,而后者的影响因素中最重要的是混凝土内部的相对湿度。当相对湿度过低时,混凝土的含水率较少,化学反应难以进行。而当相对湿度过高时,孔隙中充满水分,CO_2 不易向混凝土内部扩散。因此,碳化反应只在适中的相对湿度(约60%)中才会较快地进行。

4.2.1.4 干燥收缩

干燥收缩指的是混凝土停止养护后,在不饱和的空气中失去内部毛细孔水、凝胶孔水及吸附水而发生的不可逆收缩。随着相对湿度的降低,水泥浆体的干缩增大,且不同层次的水对收缩的影响大小也不同。

其中,毛细孔水引起的表面张力是造成干缩的一个重要因素。由于水是一种浸润液体,因此在毛细孔中会形成凹形液面。此时,会在液面附近产生一个压力差 ΔP。假设混凝土毛细孔的截面为圆形,且管径较小,则可以把凹形液面近

似为半球形。这种情况下,根据 Young-Laplace 公式,有:

$$\Delta P = \frac{2\gamma}{r} \qquad (4-1)$$

式中,γ 为水的表面张力;r 为毛细孔液面的曲率半径。

由式(4-1)可以看出,混凝土毛细孔的孔径越小,毛细孔压力越大,混凝土产生的干缩变形也越大。因此,混凝土的干缩主要与混凝土中小孔的数量及毛细孔中水分的散失有关。混凝土中的胶凝材料和用水量越多,混凝土中的毛细孔越多,混凝土的干缩也越大。此外,混凝土的干缩还与毛细孔的连通性有关。混凝土的用水量越多,毛细孔更容易相互贯通,由此增大了混凝土的干缩变形。

混凝土干缩与外加剂品种及用途也有一定的关系。高效减水剂用于减少混凝土用水量而提高强度或节约水泥时,混凝土收缩小于不掺减水剂的空白混凝土试样。用于增加坍落度而改善和易性时,收缩值略高于或等于不掺减水剂的空白混凝土试样,但不超过技术标准规定的限值 1×10^{-4}。而引气剂在水泥用量、骨料粒径、坍落度相同时,掺松香热聚合物的收缩增大,掺脂肪醇硫酸钠和掺烷基磺酸钠引气剂的混凝土干缩率变化不大。

4.2.1.5　自生收缩

自生收缩的机理与干燥收缩相似,都是由于混凝土内部结构中毛细孔水的减少而使得混凝土产生体积变化。这二者的主要区别在于毛细孔水分减少的原因不同。自生收缩过程中水分的减少是水泥水化过程引起的,不与外部环境接触。因此,自生收缩与外界温湿度变化无关。而干燥收缩与外界环境的温湿度密切相关。即自生收缩是内部因素引起的,而干燥收缩是外部因素引起的。

水灰比对干燥收缩和自生收缩的影响正好相反。一般而言,干燥收缩随水灰比的提高而增加,而自生收缩则相反。这是由于高水灰比的混凝土用水量较大,会形成较多的相互贯通的毛细孔网络。在外界环境作用下会形成较大的毛细孔压力,并相应地增加干燥收缩。而对于自生收缩,当混凝土用水量较大时,水泥水化反应有充足的水分供应,水分缺失情况不明显,因此自生收缩较小。由于上述水灰比对干燥收缩和自生收缩的不同影响,当水灰比较高时,自生收缩相比干燥收缩可以忽略不计。但随着水灰比的降低,当其达到一个临界值时,自生收缩与干燥收缩将位于同一个数量级。此时,需要同时关注这两种收缩导致的混凝土开裂问题。

4.2.2 超长结构防裂低收缩混凝土的减缩与防裂的作用机理

4.2.2.1 水泥对混凝土防裂作用机理

混凝土的温度应力是由温差引起的,而后者主要是由水化热产生的。因此,为了减小温差,应尽量降低水化热。为了降低水化热,需要采取早期水化热低的水泥。水泥的水化热是矿物成分、水化产物和水泥细度的函数,因此降低水泥水化热的关键是选择适宜的矿物组成和调整水泥的细度。水泥的矿物组成主要有硅酸三钙(C_3S)、硅酸二钙(C_2S)、铝酸三钙(C_3A)和铁铝酸四钙(C_4AF)。试验表明,C_3A 和 C_3S 含量高的水泥水化热较高。因此,为了减少水泥的水化热,应尽可能降低熟料中 C_3A 和 C_3S 的含量。在施工中一般采用中热硅酸盐水泥和低热矿渣水泥。此外,在不影响水泥活性的情况下,要尽量减小水泥的细度。这是由于水泥的细度会影响水化热的放热速率。试验表明,水泥颗粒的比表面积每增加 $100\ cm^2/g$,$1\ d$ 的水化热增加 $17\sim21\ J/g$,而 $7\ d$ 和 $20\ d$ 的水化热增加 $4\sim12\ J/g$。

4.2.2.2 掺和料对混凝土防裂作用机理

粉煤灰、矿粉和硅粉等掺合料是超长结构防裂低收缩混凝土不可缺少的组成部分之一。这些掺合料不仅能提高混凝土胶凝材料体系的堆积密实度,而且能够大幅度地降低胶凝材料体系的水化热,从而降低混凝土的绝热温升。这对硬化后混凝土因温度收缩而引起的温度应力具有较大的抑制作用。

粉煤灰和矿粉是最常用的活性掺合料。其中,粉煤灰的微集料效应使得微细颗粒均匀分布在水泥浆内,填充了孔隙和毛细孔,从而改善了混凝土的孔结构。矿粉会迅速吸附在水泥颗粒表面,使得本来可能形成的水泥絮凝结构无法形成,起到了类似减水剂的作用。因此,矿粉能改善超长结构防裂低收缩混凝土硬化后的孔结构和强度,特别对改善混凝土的早期孔结构有一定作用。此外,上述两种掺合料的水化热较低,若以一定比例与水泥组合成胶凝材料体系,既可以减少水泥用量,还可降低胶凝材料体系的水化热和放热速率。

粉煤灰和矿粉等掺合料在水泥浆体系中的水化非常缓慢。在相同的水胶比条件下,用粉煤灰和矿粉等掺合料替代部分水泥相当于提高了早期的有效水灰比。因此,粉煤灰和矿粉等掺合料可降低混凝土内部的早期自干燥速度,显著降低早期自收缩。在后期,粉煤灰和矿粉等掺合料的继续水化使水泥石内部自干燥程度提高,但是此时混凝土已有较高的弹性模量和较低的自徐变系数,因此在相同自干燥程度下产生的自收缩同早期相比有明显的减小。

4.2.2.3 骨料对混凝土体积稳定性的作用机理

骨料对于超长结构防裂低收缩混凝土的力学性能和抗裂性能非常重要。就长期尺寸稳定性而言,通常认为石灰岩的玄武岩优于砂岩或河卵石。在配合比相似时,用花岗岩和卵石骨料的混凝土的强度显著低于用辉绿岩或石灰岩骨料的混凝土。这种差异是由于水泥石与骨料之间的界面区的结构和黏结强度的差异造成的。除骨料的材质外,级配和含泥量对混凝土的体积稳定性也具有明显的影响。骨料粒径越大、级配越好、比表面积越小,每立方米的水泥用量就越小。因此,水化热随之降低,可抑制混凝土裂缝的出现。此外,骨料的含泥量越大,收缩变形会随之增大,导致混凝土开裂。因此,应选用具有良好级配和较低含泥量的骨料。

4.2.2.4 聚羧酸外加剂对减少混凝土的收缩作用机理

通常,混凝土的减水效果取决于水泥粒子的分散性和分散稳定性。水泥粒子的分散稳定性又取决于吸附表面活性剂的电斥力和立体效应。传统的减水剂在被水泥颗粒表面吸附后,呈刚性链平卧吸附状态。减水性能主要利用了DLVO 理论,立体效应没有发挥出来,坍落度损失问题无法从根本上解决。聚羧酸系减水剂在水泥颗粒表面上以接枝共聚物的齿型吸附形态达到稳定的分散效果。这种效果主要取决于被吸附聚羧酸分子的静电和立体排斥力作用。

聚羧酸系减水剂化学结构中的羧基、磺酸基负离子提供电斥力。静电排斥力的分散稳定性取决于水泥粒子相互接近时产生的静电排斥力与范德华力之和的粒子间作用势能。聚羧酸系减水剂主链中的活性基团链段通过离子键、共价键、氢键以及范德华力等相互作用,紧紧地吸附于强极性的水泥颗粒表面,并改变其表面电位。带活性基团的侧链嵌挂在主链上,当吸附于固体颗粒表面时,形成具有一定厚度的溶剂化层,同时传递一定的静电斥力。根据 DLVO 理论,水泥颗粒表面的 Zeta 电位大小与水泥颗粒的分散性密切相关。试验表明,在同样掺量条件下,聚羧酸系减水剂的 Zeta 电位小于萘系减水剂的 Zeta 电位,但其分散性却好于萘系。

根据 Machor 熵效应理论,立体效应斥力取决于表面活性剂的结构和吸附形态或者吸附层厚度等。聚羧酸系减水剂对水泥颗粒产生梳状吸附,并且其分子中含有多个醚键。这些醚键形成了亲水性立体保护膜,该保护膜既具有分散性又提供了水泥粒子的分散稳定性。由立体效应理论可推测,其侧链长度越长,分散性越高,形成的立体保护膜厚度就越厚。聚羧酸系减水剂在水泥颗粒表面的吸附量明显高于萘系减水剂,其减水效果优于萘系减水剂。

超长大体积混凝土的配制主要以减少混凝土裂缝为目的。通过对聚羧酸减水剂的减水作用机理研究可以看出,聚羧酸减水剂将静电斥力和空间位阻斥力(图 4-3)相结合,能更有效地提高水泥粒子分散性、释放游离水、减少用水量和水泥用量。从而不仅得到了和易性能和坍落度保持性能较好的混凝土拌和物,而且能有效地降低混凝土的干缩,减少混凝土的裂缝。

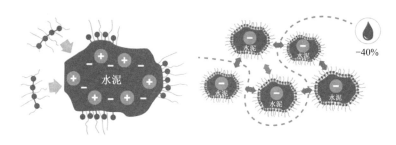

图 4-3　聚羧酸系减水剂的空间位阻效应示意

4.2.3　超长混凝土跳仓法基本概念与原理

4.2.3.1　定义和原理

跳仓法是指先将超长混凝土结构分为若干小块体间隔施工,经过短期的应力释放再将其连成整体,依靠混凝土抗拉强度抵抗剩余温度收缩应力的施工方法。在分仓间歇阶段,结构的温度收缩应力得以显著地松弛和释放,从而确保在最终封仓后,混凝土结构承受的温度收缩应力不超过其抗拉能力。

对于如图 4-4 所示的两端固定约束的梁,若将其中一端的约束全部释放,在

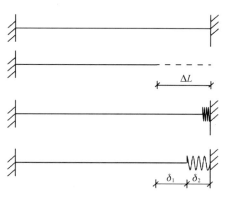

图 4-4　超长混凝土跳仓法受力机理及
　　　　应力计算示意

各种收缩变形影响下,梁体会发生如下变形:

$$\Delta L = \Delta L_{温度} + \Delta L_{干燥} + \Delta L_{自收缩} + \Delta L_{其他} \tag{4-2}$$

设想在自由端施加一个外力 P,将杆的自由端拉回到原来收缩前的位置,则梁内的应力为

$$\sigma = \frac{P}{A} = \frac{E \cdot A \cdot \Delta L}{L \cdot A} = \frac{\Delta L \cdot E}{L}$$

$$= E \cdot \frac{(\Delta L_{温度} + \Delta L_{干燥} + \Delta L_{自收缩} + \Delta L_{其他})}{L} \tag{4-3}$$

$$= E(\Delta\varepsilon_{温度} + \Delta\varepsilon_{干燥} + \Delta\varepsilon_{自收缩} + \Delta\varepsilon_{其他}) = E\varepsilon_{自由}$$

若将外力 P 换作一个弹性约束,则梁的收缩会使弹簧产生 δ_2 的变形,此为梁的实际变形。同时,弹簧又会对梁的收缩产生一个反作用力,使得梁在收缩变形 ΔL 的基础上,发生反向伸长变形 δ_1。 显然,$\delta_1 + \delta_2 = L$。 此时,梁的应力为

$$\sigma = \frac{E\delta_1}{L} = E\varepsilon_1 = E(\varepsilon_{自由} - \varepsilon_2) \tag{4-4}$$

根据以上分析可知在不同的约束条件下,梁的应力为

$$\begin{cases} \sigma = 0 & \text{无约束} \\ \sigma = E\varepsilon_{自由} & \text{完全刚性约束} \\ \sigma = E(\varepsilon_{自由} - \varepsilon_2) & \text{弹性约束} \end{cases} \tag{4-5}$$

可见,在收缩变形 ΔL 的作用下,实际变形 δ_2 其实是释放掉的部分,约束变形 δ_1 则为构件需要抵抗的部分。

根据上述理论分析可制定出跳仓法的基本原则:

(1)通过改良材料配合比等措施减少整体收缩变形 ΔL;

(2)采用分仓间隔施工的方法,让各个仓块尽可能释放早期剧烈的收缩变形,即增大 δ_2;

(3)通过确保良好养护、改良配筋等措施,增加混凝土结构的抗拉能力,从而确保其能承受剩余的约束变形 δ_1。

以上就是王铁梦教授提出的超长混凝土结构裂缝控制中“抗放兼施”的基本概念和理论基础。

4.2.3.2　最小跳仓长度

在跳仓法施工方案的设计中,需要对跳仓和合龙阶段的温度应力和裂缝间距进行验算。这里以连续长墙为例,分析超长混凝土在温度收缩作用下的应力分布,以及结构长度和刚度对温度收缩应力的影响。连续超长筏板的受力机理与其相同。

如图 4-5 所示的长 L、高 H、厚 t 的连续长墙在温度作用下将产生温度应力。根据工程实践可知,温度应力随 L 的增大而增大。当 L 增大到某个临界值时,温度应力将超过混凝土的抗拉极限,引起混凝土开裂。因此,在跳仓法施工方案的设计中,应计算出 L 的临界值 $[L]_{min}$(称为最小跳仓长度),并保证跳仓块的长度小于该临界值。为解决这一问题,王铁梦教授在 1974 年通过分析温度应力产生的实质,引入了约束位移和自由位移的概念,现简单推导如下。

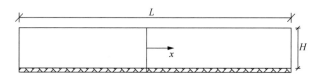

图 4-5　连续长墙温度收缩应力计算图示

当长墙相对地基有一温差 ΔT 时,在长墙的任一点 x 处截取 $\mathrm{d}x$ 的微段。假定在离地基高度为 H 的范围内,墙体均匀受力。其中,墙体截面的正应力为 σ_x,合力为 N;地基对墙底的剪应力为 τ,合力为 Q。根据 x 方向上的平衡方程可得

$$
\begin{cases}
N + \mathrm{d}N - N + Q = 0 \\
Ht\,\mathrm{d}\sigma_x + \tau t\,\mathrm{d}x = 0 \\
\dfrac{\mathrm{d}\sigma_x}{\mathrm{d}x} + \dfrac{\tau}{H} = 0
\end{cases}
\tag{4-6}
$$

墙体截面上任意点的位移由约束和自由两部分组成:

$$
u = u_\sigma + \alpha \Delta T x \tag{4-7}
$$

根据式(4-7),可得位移的一阶和二阶导数为

$$
\frac{\mathrm{d}u}{\mathrm{d}x} = \frac{\mathrm{d}u_\sigma}{\mathrm{d}x} + \alpha \Delta T \tag{4-8}
$$

$$\frac{\mathrm{d}^2 u}{\mathrm{d}x^2} = \frac{\mathrm{d}^2 u_\sigma}{\mathrm{d}x^2} \tag{4-9}$$

根据弹性力学的基本知识可知正应力与位移之间的关系为

$$\sigma_x = E \frac{\mathrm{d}u_\sigma}{\mathrm{d}x} \tag{4-10}$$

对 σ_x 求一阶导数，同时将式(4-9)代入，可得

$$\frac{\mathrm{d}\sigma_x}{\mathrm{d}x} = E \frac{\mathrm{d}^2 u}{\mathrm{d}x^2} \tag{4-11}$$

剪应力和位移之间的关系为

$$\tau = -C_x u \tag{4-12}$$

式中，C_x 为水平约束系数。将式(4-11)和式(4-12)带入式(4-6)中的第三个方程，可得

$$E \frac{\mathrm{d}^2 u}{\mathrm{d}x^2} - \frac{C_x u}{H} = 0 \tag{4-13}$$

令 $\beta = \sqrt{C_x/HE}$ ，则上式可改写为

$$\frac{\mathrm{d}^2 u}{\mathrm{d}x^2} - \beta^2 u = 0 \tag{4-14}$$

此微分方程的通解为

$$u = A\cosh(\beta x) + B\sinh(\beta x) \tag{4-15}$$

根据图 4-5 可得边界条件为

$$\begin{cases} u \Big|_{x=0} = 0 \\ \sigma_x \Big|_{x=L/2} = 0 \end{cases} \tag{4-16}$$

将边界条件带入式(4-15)，可得偏微分方程的特解为

$$u = \frac{\alpha \Delta T \sinh(\beta x)}{\beta \cosh\left(\dfrac{\beta L}{2}\right)} \tag{4-17}$$

由位移解可进一步得到正应力和剪应力为

$$\sigma_x = -E\alpha\Delta T\left[1 - \frac{\cosh(\beta x)}{\cosh\left(\frac{\beta L}{2}\right)}\right] \tag{4-18}$$

$$\tau = -C_x\alpha\Delta T\frac{\sinh(\beta x)}{\beta\cosh\left(\frac{\beta L}{2}\right)} \tag{4-19}$$

式(4-18)和式(4-19)即连续超长结构在温度收缩作用下的应力分布。从工程实践角度,正应力 σ_x 为结构设计中的控制应力之一,是经常引起垂直裂缝的主要原因。其最大值在 $x = 0$ 处(由于对称关系,此时基地对墙体底面的剪应力为零):

$$\sigma_{x,\,\max} = -E\alpha\Delta T\left[1 - \frac{1}{\cosh\left(\frac{\beta L}{2}\right)}\right] \tag{4-20}$$

跳仓法施工过程中的超长混凝土温度收缩应力也可采用式(4-20)进行计算,只需在分仓浇筑和合龙阶段分别采用分仓块和整体结构的尺寸即可。此外,将混凝土的极限拉伸应变带入式(4-20),可得:

$$\left[L\right]_{\min,\,0} = 2\sqrt{\frac{CH}{C_x}}\operatorname{arcosh}\left(\frac{|\alpha\Delta T|}{|\alpha\Delta T| - \varepsilon_p}\right) \tag{4-21}$$

此时,若进一步增加墙体的长度,式(4-20)中的 $\sigma_{x,\,\max}$ 会超过混凝土的抗拉强度,墙体将会在 $x = 0$ 处出现裂缝。因此,最小裂缝间距(最小跳仓长度)应为式(4-21)中 $\left[L\right]_{\min,\,0}$ 的一半,即

$$\left[L\right]_{\min} = \sqrt{\frac{EH}{C_x}}\operatorname{arcosh}\left(\frac{|\alpha\Delta T|}{|\alpha\Delta T| - \varepsilon_p}\right) \tag{4-22}$$

式中　α ——线膨胀系数;

　　　H ——均拉层厚度,指能够假定截面上应力均匀分布的最大高度;

　　　C_x ——水平约束系数;

　　　ε_p ——混凝土的极限拉伸应变,一般情况下为 $(1.0 \sim 2.0)\times 10^{-4}$;

　　　E ——混凝土弹性模量;

　　　ΔT ——温差。

式(4-22)既可用于推导裂缝间距,也可用于验算跳仓块和最终合龙长度是否满足抗裂条件。ΔT 中可以叠加考虑昼夜及季节温差,在实际工程设计中应用十分方便。值得注意的是,如果计算结果为正无穷,则说明混凝土材料还能承受的拉伸应变值大于温度收缩值,所以即便是处于完全约束状态,混凝土理论上也不会因为收缩而开裂。而混凝土结构的长度只决定约束的大小,因此,此时理论上无论混凝土结构有多长,都不会发生开裂。

4.2.4 超长混凝土水池抗裂控制设计实践

上海白龙港污水处理厂提标工程中的地下箱体为二层地下空间结构。其中,下层水池采用现浇框架结构,上层空箱顶板采用预制装配整体式结构。根据使用功能的不同将基础底板设置成不同厚度。地下污水处理设施及附属设施结构基础底板详细信息汇总如表 4-2 所列。

表 4-2 地下污水处理设施及附属设施结构基础底板详细信息

编号	单体名称	底板顶面标高/m	底板厚度/mm	桩基形式
A6	生物反应池	−14.3	800/1 200	劲性复合桩
A7	二沉池	−12.7/−16.3	500	劲性复合桩
A8	鼓风机房	−12.7	800	劲性复合桩+灌注桩
A9	高效沉淀池	−12.7	500/800	劲性复合桩
A14	加氯加药间	−12.7	800	劲性复合桩+灌注桩

注:基础底板混凝土强度等级均为 C30 级,抗渗等级为 P8。

本工程若采用常规方法施工,将会设置大量的伸缩缝、后浇带和加强带,导致工期延长、成本提高。因此,经充分论证后在二沉池区域(图 4-6 中的 B1～B10)中总长 254 m 超长结构中采用跳仓法施工,中间不设变形缝、后浇带。底板跳仓块最大尺寸为 68 m×43.6 m(B8)。此时,底板的分块长度已经超过 40 m。为验证此跳仓浇筑方案的合理性,需对温度收缩应力应变进行验算。

首先针对温度场进行计算。由于底板厚度远小于长度和宽度,因此可将底板中的传热过程简化为单向传导的热力学模型。根据这一简化,经有限元计算后得到的温度和正应力时变曲线如图 4-7 所示。可见,在整个混凝土浇筑过程中,底板截面中部在浇筑 22 h 后达到最高温度 30.4℃。浇筑 15 d 后,混凝土内

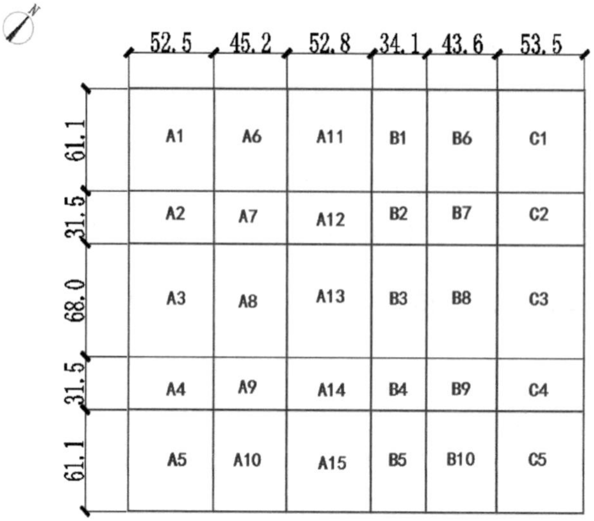

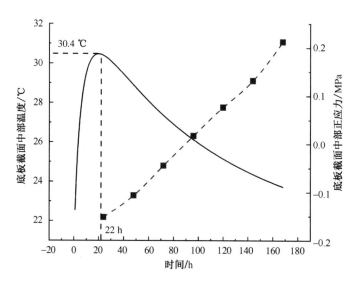

图 4-6   本工程基础底板各分块长度(单位: m)

部温度已基本恢复到大气温度。其次,在跳仓阶段中,混凝土的最大拉应力为 0.22 MPa。而本工程中基础底板混凝土强度等级为 C30,因此混凝土的应力水平低于抗拉强度。

图 4-7   底板截面中部温度和正应力时变曲线

根据式(4-22)可计算得到合龙阶段的最小裂缝间距为

$$[L]_{\min} = \sqrt{\frac{HE}{C_x}} \operatorname{arcosh}\left(\frac{|\alpha\Delta T|}{|\alpha\Delta T| - \varepsilon_p}\right) = \infty \qquad (4-23)$$

此结果表明,剩余的收缩变形已经小于混凝土剩余极限拉伸应变,因此理论上合龙长度可以无穷大。采用类似方法可对侧墙进行验算,结果表明侧墙也不会产生裂缝。因此,跳仓方案可以满足抗裂要求。

此外,本工程也采取有限元对底板跳仓过程进行温度应力分析,计算结果如图 4-8 所示。结果表明,跳仓施工过程和最终状态温度应力均未超过混凝土抗拉强度,进一步论证了跳仓方案的可行性。

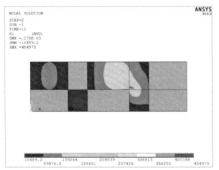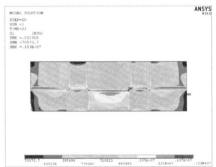

图 4-8　底板跳仓过程和最终温度应力云图

4.3　超长混凝土水池抗裂控制施工

4.3.1　跳仓法施工工艺

4.3.1.1　材料选用

根据 4.2.2 小节的阐述,跳仓法中选用的水泥宜满足表 4-3 所列的参数要求。

混凝土的细骨料应为细度模数在 2.3～3.0 的中粗砂,含泥量(重量比)小于 3%。粗骨料选用质地坚硬、不含杂质、低吸水率的非碱活性碎石,石子含泥量应小于 1%,针片状颗粒含量应小于 8%。地下室底板、内外墙、地下室梁板宜选用 5～31.5 mm 粒径的碎石,松散堆积密度应大于 1 500 kg/m³,空隙率小于 40%。

表 4-3　跳仓法中水泥的选用

指标	要求
比表面积	$>350 \text{ m}^2/\text{kg}$
3 d 抗压强度	$<27 \text{ MPa}$
28 天试配抗压强度的富余系数	>1.16
铝酸三钙含量	$<8\%$
3 d 水化热	$<250 \text{ kJ/kg}$
7 d 的水化热	$<280 \text{ kJ/kg}$

注：所用水泥在预拌混凝土搅拌站的入水泥储仓温度不宜大于 60℃。

混凝土掺加粉煤灰可减少水泥用量,降低水化热,减缓早强速率,减少混凝土早期裂缝。因此,跳仓法施工的混凝土可掺加部分粉煤灰,并辅以少量矿粉。其中,掺合料的总量占胶凝材料总量的 30%～50%,矿粉占胶凝材料总量的 15% 以内。粉煤灰等级宜采用 F 类 I 级或 II 级。对进厂的粉煤灰除按规定进行复检外,还应通过看颜色、闻气味,必要时用显微镜观察辨别真伪,同时应做"安定性"检验或直接加水搅拌并观察其有无膨胀。矿渣粉宜选用 S95 级,比表面积小于 $420 \text{ m}^2/\text{kg}$。

根据 4.2.2.4 小节的阐述,跳仓施工混凝土优先选用减缩型聚羧酸高效减水剂。对于抗冻性能要求较高或寒冷地区的大体积混凝土,宜采用引气剂或引气型减水剂。

4.3.1.2　配合比设计

在 4.3.1.1 小节的基础上,跳仓法中的混凝土配合比可根据表 4-4 中的基本原则进行设计。

表 4-4　跳仓法中混凝土配合比设计原则

参数	建议
水胶比	(1) 建议范围为 0.4～0.45; (2) 拌和水用量、胶凝材料总量和水泥用量应分别小于 170 kg/m^3、350 kg/m^3 和 240 kg/m^3
浆骨比	不得大于 32%

（续表）

参数	建议
砂率	（1）选定范围宜为 38%～42%； （2）粗骨料用量不应低于 1 050 kg/m³
掺合料掺量	（1）《普通混凝土配合比设计规程》（JGJ 55—2011） （2）《矿物掺合料应用技术规范》（GB/T 51003—2014）
坍落度	（1）入模坍落度宜控制在 120～160 mm，最大不得超过 180 mm； （2）尽可能采用较小的坍落度

注：浆骨比为水泥浆体与骨料的质量比。

4.3.1.3 跳仓方案

对于基础底板，仓块划分应以有利于应力释放和易于流水作业为基本原则。根据基础筏板面积大小沿纵向和横向进行棋盘式分仓，仓格间距不宜大于 40 m。如经验成熟，并且经过可靠受力计算分析，可以放宽到 60 m 左右。为方便施工，底板、楼板（顶板）及外墙的施工缝位置可以错开。如图 4-9 所示，分仓施工缝按"品"状跳仓浇筑混凝土，间隔 7 d 后，再进行倒"品"状填仓浇筑混凝土。

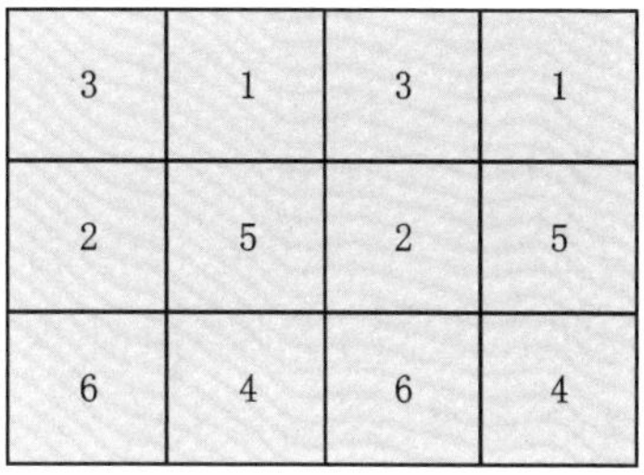

由于楼板和外墙的厚度较小，收缩较底板更为显著且约束更强，收缩应力开裂风险往往高于底板。因此，楼板和外墙的仓格间距不应超过 40 m，各层顶板分仓与基础底板分仓不必在同仓格内，外墙的跳仓施工缝可设置在任何位置。此

3	1	3	1
2	5	2	5
6	4	6	4

图 4-9 棋盘式跳仓施工
顺序示意

外，为尽量减小收缩，地下室的回填土应及时回填，地下室外墙高出室外地面部分也应及时保温隔热。

4.3.1.4 节点处理措施

底板与外墙、底板与底板和有回填土的地下室顶板施工缝应采取钢板止水带。底板施工缝处采用 $\phi6$ 或 $\phi8$ 双向方格（80 mm×80 mm）骨架，在先浇侧用 20 目钢丝网封堵混凝土。设止水钢板时骨架及钢板网上下断开，保持止水钢板的连续贯通。外墙止水钢板开口指向迎水面以增加渗水半径。底板止水钢板上翘，防止混凝土浇捣过程中气泡积聚形成缺陷。对于每区块水平结构预埋管线

的密集部位,宜在预埋管线的上层面布置间距为 200～300 mm 的 $\phi8$～$\phi12$ 钢筋或宽度 600～800 mm 的钢筋网片带作为抗裂构造措施。

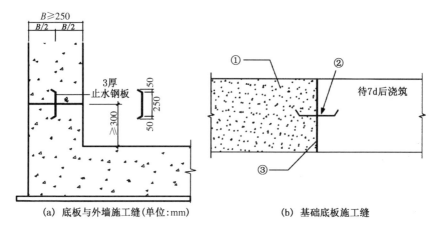

(a) 底板与外墙施工缝(单位:mm)　　　(b) 基础底板施工缝

图 4-10　跳仓法施工缝构造

①—已浇混凝土;②—上翘止水钢板;③—$\phi6$ 或 $\phi8$ 双向方格骨架

4.3.1.5　浇筑养护

混凝土按照分层布料、分层振捣和斜坡推进的顺序进行建筑。在浇筑基础底板时,应防止在振捣中出现泌水问题。混凝土表面的水泥浆应分散开,在初凝之后、终凝之前可用木抹子进行多次压实。

混凝土底板浇筑完毕且初凝喷雾养护后,应立即用塑料薄膜(布)覆盖。地下室外墙的混凝土养护宜采用墙顶铺长管随时浇水或喷雾等措施。带模养护的持续时间不得少于 3 d,保湿养护的持续时间不得少于 14 d。保温覆盖层的去除应分层逐步进行,当混凝土的表面温度与环境最大温差小于 20℃时,方可全部去除。在保温养护过程中,应对混凝土浇筑体的里表温差和降温速率进行现场监测,当实测结果不满足温控指标的要求时,应调整保温养护措施。

4.3.1.6　温控及监测

在混凝土浇筑后,应进行混凝土浇筑体里表温差、降温速率和环境温度的测试,每昼夜不应少于 4 次。入模温度的测量,每台班不应少于 2 次。测温周期不少于 28 d。在温度检测中,应着重关注如下指标:

(1) 混凝土入模温度不宜大于 32℃;

（2）在覆盖养护或带模养护阶段，混凝土浇筑体内部的温度与混凝土浇筑体表面温度差值不应大于 25℃；

（3）结束覆盖养护或拆模后，混凝土浇筑体表面以内 50 mm 位置处的温度与环境温度差值不应大于 20℃；

（4）混凝土浇筑体内相邻两测温点的温度差值不应大于 25℃；

（5）混凝土内部降温速率不宜大于 2.0℃/d。

当混凝土结构表面以内 50 mm 位置的温度与环境温度的差值小于 20℃时，可停止测温。

4.3.2　超长混凝土抗裂控制施工实践

4.3.2.1　施工顺序

本工程的二沉池区域内共涉及 10 块结构分块，具体位置如图 4-11 所示。综合施工挖土及人员安排后，采用如表 4-5 所列的基础底板施工顺序保证相邻分仓的"跳仓法"施工时间要求。

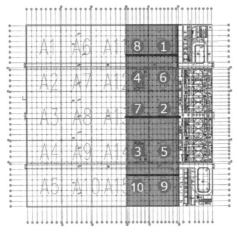

图 4-11　底板跳仓法区域

表 4-5　二沉池基础底板浇筑方量及时间安排

浇筑区域	浇筑次数	浇筑方量/m³	浇筑时间
①	第一次	1 646	2018 年 6 月 17 日
②	第二次	1 629	2018 年 6 月 18 日
③	第三次	537	2018 年 6 月 20 日
④	第四次	537	2018 年 6 月 21 日
⑤	第五次	762	2018 年 6 月 27 日
⑥	第六次	762	2018 年 6 月 30 日
⑦	第七次	1 159	2018 年 7 月 5 日
⑧	第八次	1 089	2018 年 7 月 10 日
⑨	第九次	1 541	2018 年 7 月 11 日
⑩	第十次	1 089	2018 年 7 月 25 日

4.3.2.2　配合比设计

在 4.3.1.1 和 4.3.1.2 小节的基础上,对混凝土配合比进行了调整和试配,得到优化配合比见表 4-6。

表 4-6　施工混凝土配合比

强度等级	水	水泥	矿粉	粉煤灰	砂	石	外加剂
	自来水	PO42.5	S95	Ⅱ级	中砂	5-25	聚羧酸减水剂
底板 C30P8 R60	155	200	61	83	812	1 036	3.1
墙板 C35P8 R45	155	200	72	72	814	1 036	3.1

4.3.2.3　施工缝的留置和构造

施工缝的位置应设置在结构受力较小部位。本工程中的底板施工缝与原设计方案中的完全缝位置重合。施工缝的构造主要包括止水钢板、钢丝网和钢筋骨架等组件。以底板混凝土施工缝为例,其构造如图 4-12 所示。

施工缝混凝土浇筑前一天用水冲洗干净并充分湿润,并在施工缝处铺一层与混凝土内成分相同的水泥砂浆。从施工缝处开始浇筑时,应避免直接靠近缝边下料。机械振捣前宜向施工缝处逐渐推进,并距 800~1 000 mm 处停止振捣,但应加强对施工缝接缝的捣实工作。当混凝土浇筑完成至少 24 h 后,在已硬化

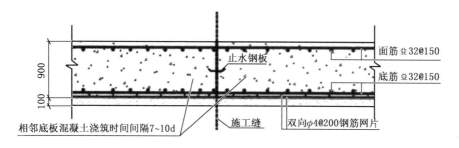

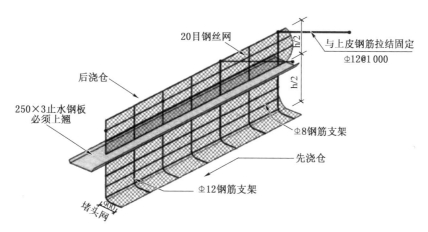

图 4-12　底板施工缝做法(单位: mm)

的混凝土表面用錾子清除水泥薄膜和松动的石子以及软弱的混凝土层,并加以
凿毛。

4.3.2.4　防止开裂的构造措施

混凝土浇筑过程中可采用如下抗裂构造措施:

(1) 采用"一个坡度、分层浇筑、循序推进、一次到顶"的浇灌工艺,分层厚度
不超过 500 mm;

(2) 对于部分落差大的外墙采取溜槽、串桶及于墙中开设浇灌孔等措施以防
止混凝土离析;

(3) 在墙体高度的水平中线部位上下 500 mm 范围内,水平筋的间距不宜大
于 100 mm,并放置在墙体竖向筋的外侧;

(4) 在混凝土浇筑完成 4 h 后进行二次压光技术,有效消除表面早期塑性
裂缝;

（5）底板混凝土进行二次振捣，养护时间不小于 14 d。

4.3.2.5 混凝土的浇筑

本工程采用商品混凝土进行施工，当混凝土到达施工现场后泵送至浇筑部位。浇筑前对混凝土泵管进行检查以确保混凝土满足各项性能指标。浇筑时首先泵送 2 m³ 与混凝土同配合比的砂浆，对管道进行湿润。润泵砂浆应卸入专用料斗另行分散处理。

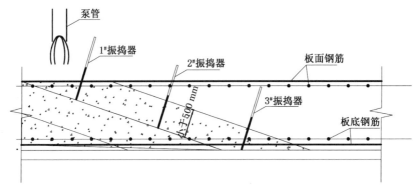

图 4-13　混凝土分层浇捣示意

为确保混凝土振捣密实，沿浇筑混凝土的方向，在前、中、后布置 3 道振动棒。第 3 道振动棒布置在底排钢筋处或混凝土的坡脚处，确保混凝土下部的密实。第 1 道振动棒布置在混凝土的卸料点，解决上部混凝土的捣实。中部 1 道振动棒使中部混凝土振捣密实，并促进混凝土流动。

振动棒移动间距应小于 400 mm，振捣时间为 15～30 s。振动棒应插入下层混凝土 50 mm 左右以消除二层之间的接缝。振捣过程持续至混凝土表面不再明显下沉、不再出现气泡、表面泛出灰浆为止。整个振捣过程应全面仔细，禁止因出现漏振而导致蜂窝、麻面等混凝土施工质量事故。

当混凝土浇到板顶标高后，用 2 m 长铝合金刮杠将混凝土表面找平，并控制好板顶标高。然后，在混凝土初凝时用铁抹子进行二次抹面压光，随后铺设塑料薄膜保水养护。

4.3.2.6 混凝土的养护

混凝土浇捣完毕后的最初 3 d 内，混凝土内部温度将急剧上升，因此必须采取保温、保湿养护措施，以减少混凝土表面热量的扩散，防止表面裂缝产生。本工程混凝土浇筑时间为夏季,天气干燥、昼夜气温变化大。因此,保温、保湿养护尤其重要。在底板表面混凝土浇捣结束后,当混凝土平仓收头后基本可上人行走而无脚印时,立即覆盖保温层,如图 4-14 所示。保温层采用"1 层塑料薄膜＋1 层土工布"或采用两层麻袋的形式。在塑料薄膜、土工布覆盖的综合条件下,可充分发挥混凝土徐变特性,降低温度应力并减少混凝土降温梯度,避免有害裂缝的出现。养护过程中如气温过高需要对混凝土进行喷雾养护。

本工程采取的具体养护控制措施包括:

(1) 养护时间不少于 14 d;

(2) 当混凝土内部与大气温差小于 20℃,方可部分掀去保温层;

(3) 土工布不可在同一天全部掀去或成片掀去,避免急剧降温;

(4) 施工缝处采用快易收口钢板网,外用一层土工布与混凝土密贴养护;

(5) 凝土表面弹线工作应在混凝土养护完成后再进行;

(6) 混凝土强度大于 1.2 MPa 后方可上人进行楼层放线工作,放线时不可将薄膜全部揭除,只可揭开轴线位置进行放线,放线时间避开中午高温时段。

图 4-14　底板混凝土养护

为充分控制底板混凝土浇筑温度,在底板浇筑前在相应部位埋设混凝土测温管,从而有效监督混凝土温度上升情况,如图 4-15 所示。其中,混凝土内部温差很小,因此将各测点的数据取平均值作为内部温度。根据图 4-15 中的监测结果可知,在本工程混凝土浇筑及养护过程中,混凝土内部与表面的温差以及与环

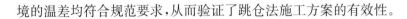

境的温差均符合规范要求,从而验证了跳仓法施工方案的有效性。

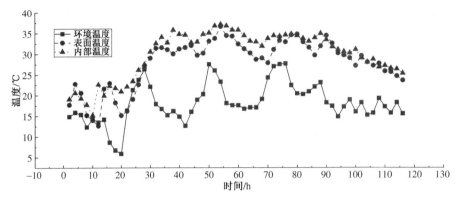

图 4-15　混凝土温度曲线变化情况

4.3.3　跳仓法施工现场质量控制

4.3.3.1　监理质量控制要点

根据本工程的特点设置了监理质量控制要点,明确了检查的手段和方法,如表 4-7 所列。

表 4-7　本工程混凝土质量控制要点设置

序号	项目	要求	检查方法
1	施工缝的处理	伸缩缝、变形缝、施工缝、底板加强带、池壁后浇带等施工缝按设计要求留置、清理	旁站、工序验收
2	止水带的安装	材料、连接方式符合设计和规范要求	见证检测、过程检查
3	预埋套管、预埋件安装	符合图纸要求和设备安装要求	检查
4	钢筋保护层控制	钢筋间距、抗裂钢筋位置、保护层厚度符合设计要求;垫块厚度、数量及绑扎牢固	检查钢筋安装、模板安装前对钢筋工序验收
5	模板安装	定位、刚度、强度符合规范要求,模板安装过程中不得破坏已安装合格的钢筋构造;控制拆模时间和混凝土强度	审核施工方案、工序验收、拆模令
6	混凝土浇筑	超大混凝土浇筑的方法、方式及混凝土的供应、组织	旁站
7	混凝土养护	养护时间、养护方式符合设计要求,并严格按施工方案要求实施	巡检

4.3.3.2 监理质量控制措施

根据设置的监理控制要点,对底板、中间墙、池壁及顶板的模板安装、混凝土浇筑过程、施工缝的处理、止水带及预埋件的安装和混凝土养护施工质量进行了重点控制。

1. 模板及支架质量控制

模板及支架必须具有足够的强度、刚度和稳定性,并能可靠地承受新浇筑混凝土的自重和侧压力。支架的支承部分应有足够支承面积。各部位的模板安装位置正确,拼缝紧密不漏浆,对拉螺杆、垫块安装稳固。模板上的预埋件、预留孔洞和穿墙套管不得遗漏且安装牢固。在安装池壁最下面一层模板时,必须在适当位置预留用于清扫杂物的窗口。在混凝土浇筑前应将模板内部清扫干净,经检验合格后再将窗口封闭。

模板采用两端能拆卸的对拉螺栓固定施工。在施工前,应重点检查螺栓中部的止水环是否为设计要求的 3 mm 厚方形止水环,是否与螺栓满焊牢固。螺栓拆卸后混凝土面应留有 40～50 mm 深的锥形槽。在池壁形成的螺栓锥形槽应采用无收缩、易密实、与池壁混凝土颜色一致或接近的混凝土封堵。封堵完成的螺栓孔不得有收缩裂缝和湿渍现象。

在设计方案中没有规定的情况下,现浇结构的模板及其支架拆除时的混凝土强度应符合下列规定:

(1) 侧模在混凝土强度能保证其表面及棱角不因拆除而损坏时即可拆除;

(2) 底模在混凝土强度符合表 4-8 规定后即可拆除。

表 4-8　现浇结构拆模时所需混凝土强度

结构类型	结构跨度/m	按设计的混凝土强度标准值的百分率计
板	≤2	50%
	2～8	75%
	>8	100%
梁、拱、壳	≤8	75%
	>8	100%
悬臂构件	≤2	75%
	>2	100%

2. 混凝土浇筑质量控制

混凝土浇筑前,监理单位应会同建设和施工单位对混凝土生产、施工保障等各方面进行详细的检查,具体包括:

(1) 抽查混凝土配合比的准确性、原材料质量证明文件等资料,并对混凝土拌和物及有关原材料进行抽样检测;

(2) 检查施工单位施工前的准备工作,包括人员组织、机械状况、材料准备和试块模具;

(3) 检查混凝土供应保障情况,包括运输车辆、搅拌站的生产能力及道路交通情况,必要时督促施工单位安排专人住厂协调混凝土供应;

(4) 浇筑混凝土前,要求施工单位人员把模板内及钢筋上的杂物和污物清理干净,封堵模板的缝隙和孔洞,模板浇水湿润,不得有积水。

当上述检查通过后,即可进行混凝土的浇捣。在这个过程中,应重点关注如下问题:

(1) 混凝土质量检查。

现场检查混凝土配合比是否符合设计要求,对混凝土的坍落度现场进行多次抽检,控制坍落度符合设计要求。

(2) 混凝土浇筑顺序。

大体积混凝土采用平面分段竖向分层浇筑方式,竖向共分3层。底下2层每2 m厚为1层,剩余高度为第三层。混凝土从底层开始浇筑,进行一定距离后回来浇筑第二层,如此依次向前浇筑以上各分层。待第一层预计浇筑大约2 h(20 m远)后,回头浇筑第二层。待第二层浇筑至能够全部覆盖第一层后再回来浇筑第三层。这样依次向前浇筑能保证不出现冷缝,也能避免胀模。每一浇筑层采用"斜面分层,逐层振捣"的浇筑方法,每层下料厚度小于500 mm。为防止刚开始浇筑时混凝土部分烂根,正式浇筑混凝土前先浇筑至少10 cm厚与混凝土成分相同的水泥砂浆。混凝土浇筑过程中严格控制浇筑层厚度。池壁、柱混凝土浇捣时,混凝土下料高度控制在2 m左右,超过2 m时应用串筒下料。

(3) 混凝土振捣。

混凝土振捣采用插入式振动棒,由池壁顶向下振捣。每台输送泵配置3台振捣器,3台振捣人员必须密切配合。振捣过程中应注意加强二次振捣,上层振捣应插入下层3~5 cm为宜,以消除两层之间的接缝。振捣点每400 mm按顺序振捣,不得漏振,振动棒宜快插慢拔,同时,振动时间要适宜,以混凝土表面泛浆不再显著下沉为宜,不得过振或振动不足。

(4)模板巡查。

池壁混凝土浇筑振捣的同时,模板内、外侧各安排两人与内侧混凝土浇筑同步用小锤敲击模板。若发现已振捣过的混凝土处有空响声,证明内侧混凝土漏振或未振捣密实,应随时通知振捣人员重新振捣密实。振捣人员及敲击模板人员应重点关注预埋套管、预留洞、预埋件的振捣,确保混凝土密实。

浇捣混凝土过程中,经常观察模板、支撑、钢筋等情况,禁止紧靠模板振动,且严禁碰撞钢筋、预埋件等,保证混凝土保护层厚度及钢筋位置的准确,不得踩跳钢筋、移动预埋件预留孔洞的原来位置,如发现偏差和位移,要及时纠正。

3. 施工缝质量控制

在施工缝处支模前,要求施工单位对施工缝处混凝土进行处理,凿除表面松散石子和混凝土表面的水泥膜,并将混凝土的表面凿毛。基础底板吊模处的混凝土振捣若操作方法不当将会产生吊脚、孔洞和麻面等缺陷,因此建议施工单位对该部位采用二次布料和二次振捣的方法以避免产生以上缺陷。

4. 施工缝混凝土浇筑质量控制

底板止水带呈水平状态布置,混凝土浇捣时应先浇止水带下部的混凝土。止水带下部混凝土的布料不能从止水带上面实施,应从止水带外侧进行布料。布料时将混凝土堆至一定高度,然后利用振捣时混凝土的滑动使混凝土流入止水带下部。然后,采用振动棒斜振的方法将止水带下部的混凝土充分振捣。确认下部混凝土充分振捣密实后再进行止水带上部布料。上部混凝土布料后,振捣棒插入深度应严格控制好。不得将振捣棒插在止水带上振捣,防止振动摩擦而损坏止水带。

墙板止水带位置混凝土在浇捣时应保证合适的一次布料高度,采用边振捣边下料的方式。止水带两侧的混凝土高度保持持平并交替振捣,以保证止水带不移位、不弯曲。

5. 混凝土养护质量控制

本工程采用塑料薄膜加土工布养护,塑料薄膜应紧贴混凝土表面,并应保证薄膜内有凝结水,控制养护时间不少于 14 d。混凝土内外温差不应大于 20℃。因此,施工单位应每天做好内外温差测量记录并上报监理。监理每天的检查内容主要包括：

（1）薄膜、土工布有无破损、掀起的情况；

（2）薄膜内凝结水的情况；

（3）混凝土内外温差情况。

4.4 超长混凝土水池裂缝控制效果

本工程二沉池底板施工于 2018 年 6 月 17 日开始施工第一块底板至 2018 年 7 月 25 日完成第十块底板。工程施工过程中，严格按照跳仓法相邻底板间隔至少 7 天的要求进行，并采取完善养护措施。在对施工后的底板渗漏情况排查过程中，未见明显的渗漏点。

本工程采用的超长混凝土抗裂施工技术，既保证了工程的施工质量，又加快了项目进程，从而节省了项目成本。为类似工程的开展提供了可靠的借鉴意义。项目的成功实施经验为世博会地区 A13A-01 地块新建营业办公楼项目（浦发银行）、浦东足球场等重点项目提供了宝贵的借鉴意义。

4.5 本章小结

裂缝控制是地下污水处理厂的设计和施工中的一个重要方面。本章详细阐述了基于跳仓法的超长混凝土水池裂缝控制技术及其在上海白龙港污水处理厂提标工程的应用。首先，对混凝土材料的收缩机理及超长混凝土结构的裂缝成因进行了分析。其次，简要介绍了跳仓法的基本概念和原理，给出了最小跳仓长度等关键参数的计算方法。再次，详细阐述了基于跳仓法的超长混凝土水池抗裂控制施工流程和关键步骤，形成了从材料选用、配合比设计、跳仓方案直至温控监测等一套完整的施工工艺。最后，介绍了跳仓法施工现场的质量控制要点和具体措施。跳仓法施工技术的应用有效地改善了上海白龙港污水处理厂提标工程二沉池底板的抗渗性能。在对施工后的底板渗漏情况排查的过程中，未见明显的渗漏点，裂缝控制达到了预期的要求。

第 5 章

新型地下装配式结构建造技术

5.1 概述

5.1.1 地下装配式建造技术发展与现状

随着国民经济的飞速增长,建筑行业对绿色、节能、环保提出了更高要求,建筑工业化势在必行,预制装配式结构建筑重新进入人们的视野。与现浇结构相比,预制装配式建筑更加绿色环保,梁、柱、楼板等构件可以在工厂里直接加工,运到施工现场进行构件拼装,大大提高了施工效率。同时,还可以减少现场施工人员及机械设备,便于保持场地整洁和现场管理,降低施工现场机械运作等对周边居民造成的噪声影响。国家积极引导施工单位坚持绿色施工,实现安全、节能、环保、可持续性发展。政府在"十一五"规划期间提出要建设一个资源节约型、环境友好型社会。做到节能减排、绿色环保。到 2010 年,建筑能耗要降低20%左右,鼓励并支持企业单位积极发展绿色建筑。目前,PC 建筑在国内有很大的市场空间和发展潜力。"十三五"规划期间提出,预制装配式结构住宅要超过新建住宅总量的 40%。2016 年年初,《中共中央国务院关于进一步加强城市规划建设管理工作的若干意见》出台,提出建筑工业化生产,实现预制构件工厂生产和现场安装的建造方式,减少建筑垃圾、节约施工材料和降低扬尘污染。2016 年 9 月,国家召开的国务院常务会议决定优化产业结构,大力发展装配式结构,实现我国建筑工业化建设。

目前,预制装配式结构已经在我国各地得到普遍推广,但是在大型公共市政建筑中推广缓慢,尤其是城市地下空间结构。由于地下空间防水和防潮较为重要,而目前的预制装配式结构在这方面的技术比较薄弱。因此地下结构的预制装配化进程还处于起步阶段。然而,除了外围的防水池壁结构之外,地下空间结构中的其他梁、柱、板等结构完全可以使用预制装配式。由此可见,地下空间预制装配化具有巨大的发展空间。

地下工程往往涉及深基坑,其施工对周围环境影响非常大,尤其是降水、变形等对周围地面沉降的影响极为严重。因此,缩短施工周期对控制周边环境改变有重要意义。

地下工程采用装配整体式结构具有以下优点:

(1) 工期较现浇方案缩短 5%~10%。地下污水厂的体量大,采用预制装配,可以将生产过程转移到工厂内进行。采用叠合梁板,可以将预制板作为模板,减少模板和支撑的搭设工作量 50%～70%,而且钢筋的绑扎量将减少很多。

(2)工期缩短将使得项目较早投入生产,由此得到的经济效益将更好。并且现场的湿作业将大大减少,有利于减少人工成本。

(3)工厂的标准化生产以及成熟的生产技术,将使得预制构件比现浇构件具有更好的质量。减少后期现场混凝土修补的工作量。

5.1.2 大型地下污水处理厂装配式结构形式选择

地下污水处理厂将污水处理构(建)筑物合建在一个埋入地下的箱体内,构筑物上部加设操作层箱体,形成全地下污水处理设施。通常地下污水处理厂为地下二层结构,如图 5-1 所示。地下二层主要为污水处理构筑物层,结构形式为现浇钢筋混凝土结构。由于需要满足污水处理工艺的要求,构筑物结构形式通常较为复杂,内部墙、板、梁、柱等结构构件数量及规格众多,难以实现构件标准化。同时由于污水处理构筑物主要用于盛放污水,构筑物若发生渗漏水,污水会对周边地下水环境产生污染,对防水要求较高,故构筑物要求不能渗水。鉴于以上原因,地下污水处理厂地下二层构筑物部分在目前很难采用装配式结构。

图 5-1　地下污水厂结构体系示意

地下污水处理厂地下一层即操作层,四周为剪力墙结构,内部为框架结构,顶板为梁板体系。由于操作层面积较大,柱网较为规整,较易实现构件标准化,该部分较为适宜采用装配整体式结构。

5.2 新型地下装配式结构设计

5.2.1 结构形式

上海白龙港地下污水处理厂由两座箱体组成,单座箱体平面尺寸286.35 m×254 m,分为反应池区域、二沉池区域、深度处理区域,如图5-2所示。

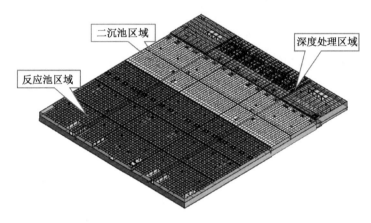

图 5-2 白龙港地下污水厂模型示意

反应池区域分为下部构筑物层和上部操作层,下部构筑物层高度为 7.3 m(水池底板顶至水池顶板),上部操作层高度为 5 m(水池顶板至箱体顶板),如图5-3 所示。

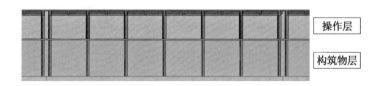

图 5-3 地下污水处理厂生物反应池区域主要剖面示意

二沉池区域分为下部构筑物层和上部操作层,下部构筑物层高度为 4.9 m(局部 8.4 m,水池底板顶至水池顶板),上部操作层高度为 5.8 m(水池顶板至箱体顶板),如图5-4 所示。

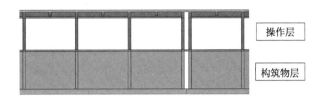

图 5-4 地下污水处理厂二沉池区域主要剖面示意

深度处理区域下部构筑物层和上部操作层,该区域构筑物种类较多,下部构筑物层高度为 4.9~8.4 m(水池底板顶至水池顶板),上部操作层高度为 3.6~7.3 m(水池顶板至箱体顶板),如图 5-5 所示。

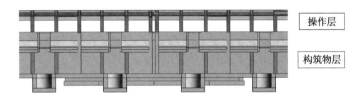

图 5-5 地下污水处理厂深度处理区域主要剖面示意

上部操作层内部均为框架结构,反应池和二沉池区域柱网较为规则,深度处理区域柱网布置受下部构筑物墙体位置限制,柱网不规则。

由于该地下污水厂顶板上覆土达 2 m,荷载很大,为了降低梁高,增加操作层空间,顶板梁采用井字梁布置,如图 5-6 所示。箱体顶板为典型的双向板布置。

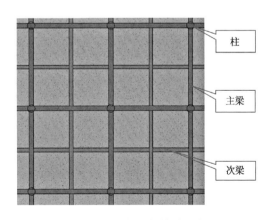

图 5-6 局部梁柱体系示意

5.2.2 地下装配式结构设计

5.2.2.1 预制构件布置

本工程单层装配面积达 60 000 m²,工程体量大,水平及垂直运输材料难度大。同时,目前的预制装配式框架结构设计难度较大,预制构件加工相对复杂,现场施工管理较为困难。这些情况很容易造成节点核心区钢筋无法连接或相互碰撞现象,进而影响工程安全、进度及质量。因此,本工程综合考虑施工各方面因素后,采用装配式结构的区域如图 5-7 所示。

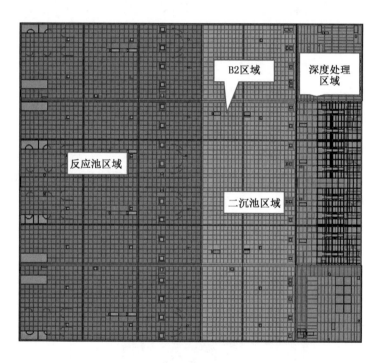

图 5-7 装配式区域平面布置

在大面积的平面范围内(反应池区域、二沉池区域)采用装配整体式结构。外壁部分采用现浇,梁、柱采用现浇,如图 5-8 所示。箱体顶板采用预制 100 mm板和 150 mm 整体浇筑层(以下简称整浇层)的叠合板形式。由于地下污水厂装配式结构刚起步,选用 B2 区域进行扩大试点应用范围。

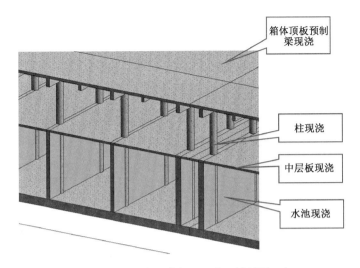

图 5-8 反应池区域和二沉池区域剖面示意

在 B2 施工分区采用"中层板预制＋柱预制＋箱体梁板预制"的形式，剖面示意如图 5-9 所示。中层板采用"预制 100 mm 板＋100 mm 整浇层"的叠合板形式；预制柱采用套筒灌浆的连接形式；箱体顶板采用"预制 100 mm 板＋150 mm 整浇层"的叠合板形式；箱体顶板梁采用节点预制，连接段现浇的方案。

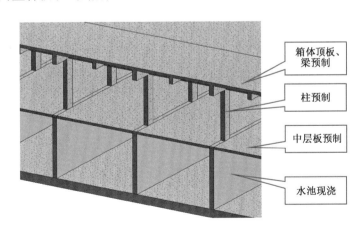

图 5-9 B2 区域剖面示意

5.2.2.2 预制梁设计

对于预制装配式框架结构，柱梁节点核心区的连接方式选择非常关键，不同的连接方式对于施工质量及框架结构整体力学性能影响较大。框架梁柱装配形式按照预制部位分为两种。

第一种是梁柱构件在构件厂预制,现场拼装后,柱梁节点在现场浇筑,如图5-10所示。

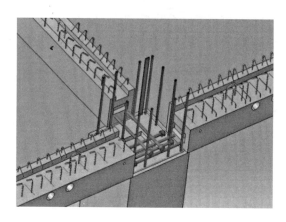

图5-10　梁柱节点现浇

第二种是柱梁节点在构件厂中预制,现场拼装完成后,节点间连接段在现场浇筑,如图5-11所示。

图5-11　梁柱节点预制

本工程为地下箱体结构,箱体上方覆土厚度2 m,荷载较大,梁柱节点核心区内钢筋众多,采用第一种方案易造成核心区钢筋相互碰撞,施工困难,故梁柱装配形式宜采用第二种。

由于箱体梁布置采用井字梁布置形式,因此在梁柱节点、主次梁节点、次梁节点处分别设置预制梁柱节点、预制主次梁节点和预制次梁节点。各种节点布

置方式如图 5-12 所示。各节点安装到位后,将各节点间连接段现浇,形成整体
受力体系。通过调整现浇连接段长度,减少预制梁节点规格数量,更易实现构件
标准化。

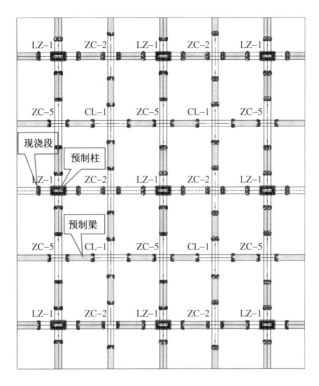

LZ:梁柱节点;ZC:主次梁节点;CL:次梁节点

图 5-12　预制梁节点布置示意

梁柱节点采用预制工艺,梁从柱侧面伸出 1.0～1.5 倍梁高范围为预制范
围,钢筋预留规范要求的钢筋长度。预制柱内纵筋穿过预制梁柱节点预留的螺
纹对穿孔后,注浆封闭。柱纵筋直径均为 25 mm,选用螺纹孔直径为 40 mm。通
过预埋在预制柱里直径 50 mm 的灌浆孔进行灌浆并形成整体。如图 5-13
所示。

依据框架梁受力图,在梁柱节点内两个方向的框架梁均只将底部两层钢筋
伸入柱内并贯通设置,其余钢筋在梁柱节点端截断。梁端钢筋接驳器均采用纵
向间距 80 mm 梅花形布置。

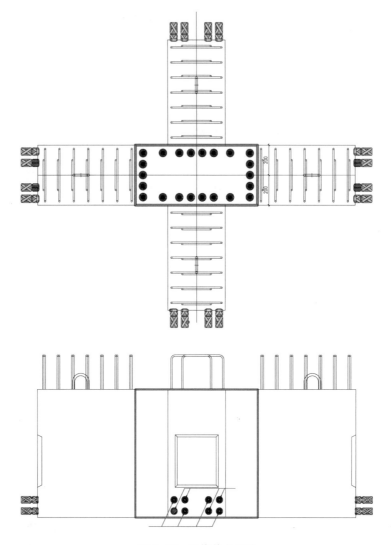

图 5-13　梁柱节点设计

　　主次梁节点、次梁节点从主次梁（次梁）相交处伸出一定长度梁段采用预制，端部钢筋设置钢筋接驳器，采用纵向间距 80 mm 梅花形布置。详图如图 5-14 所示。

　　预制梁节点的连接采用钢筋搭接现浇混凝土方式，如图 5-15 所示。梁柱节点连接截面宜尽量接近柱边，可以适当减少梁端底部预留钢筋数量；同时现浇段基本位于距梁端 1/3 处，由此减小弯矩及需要连接的钢筋数量。

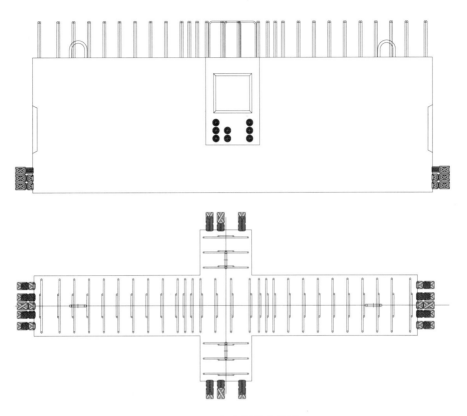

图 5-14 主次梁节点设计

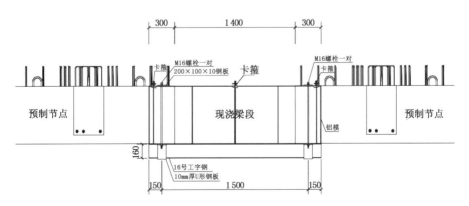

图 5-15 框架梁与梁现浇段(单位: mm)

5.2.2.3　预制柱设计

在 B2 区柱采用预制构件,包括 400 mm×800 mm 和 400 mm×850 mm 两种截面类型。预制柱高度 4 260 mm,上、下部分别预留 20 mm 和 40 mm 与预制节点灌浆连接。预制柱内纵筋穿过预制梁柱节点预留的螺纹对穿孔后注浆封闭,并在柱顶现浇层内用螺栓锚头锚固。柱纵筋直径均为 ϕ25 mm,选用直径为 40 mm 的螺纹孔。预制柱设计如图 5-16 所示。

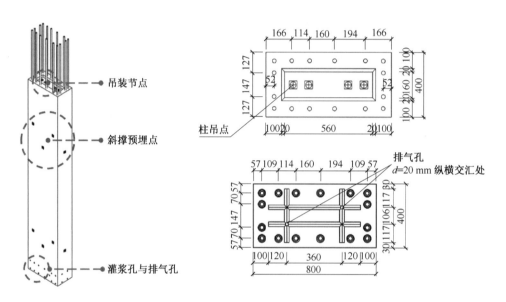

图 5-16　预制柱设计(单位: mm)

5.2.2.4　预制楼板设计

箱体顶板预制区域梁布置均为井字梁布置,预制板最大尺寸约为 4.0 m×3.3 m,自重 3.4 t。B2 区域中层板预制区域典型梁格布置为一字梁,叠合楼板块长边和短边跨度分别为 6.0 m 和 3.4 m。使用两道 585 mm 宽的拼接缝将其拆分为三块预制板块,典型板块尺寸为 3.4 m×1.5 m,如图 5-17 所示。除个别构件外,中层板预制板块自重为 1.0~1.4 t。

叠合楼板包括中层板和箱体顶板两种类型,其设计参数如表 5-1 所列。

图 5-17　B1 层预制板现场

表 5-1　叠合板设计参数

参数		箱体顶板	中层板
预制层厚度/mm		100	100
叠合层厚度/mm		150	100
钢筋	楼板底部受力钢筋	双向 Φ14@150	双向 Φ12@150
	桁架筋总高度/mm	180	140
	桁架上下弦筋	Φ14	Φ12
	桁架斜筋	Φ10	
	桁架筋边距/mm	＜300	
	桁架筋间距/mm	＜600	

5.3　新型地下装配式混凝土结构高效施工

　　根据本工程的结构特点及设计图纸中完全缝的划分情况,将生物反应池区域划分为 15 个施工分区,将二沉池区域划分为 10 个施工分区,将加氯加药间划分为 C1 共计 1 个施工分区,将高效沉淀池划分为 C2～C4 共计 3 个施工分区,将鼓风机房划分为 C5 共计 1 个施工分区。上述分区共计 30 个区域,如图 5-18 所示。

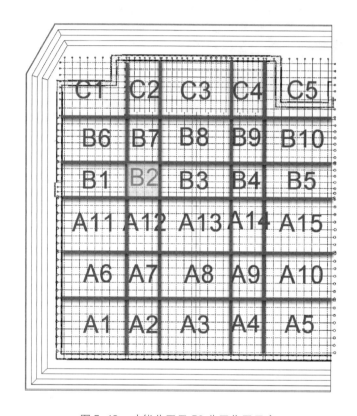

图 5-18　功能分区及 B2 分区位置示意

　　在满足施工进度要求的前提下,为充分提高结构的整体预制装配率,以实现工业化、绿色化的污水处理厂的目标,本工程在 B2 施工分区内采用 B1 层板预制、B1 层柱预制和 B0 层"梁节点预制+叠合板"的高预制率的施工方案。B2 施工分区属于 A7 二沉池区域,东西向长度约 34.1 m,南北向长度约 31.5 m,总面积约 1 075 m²。B1 层和 B2 层层高分别为 5.4 m 和 5.3 m。B1 层板采用预制板,B1 层至 B0 层间的局部柱采用预制柱,B0 板采用"预制节点+预制板"。由此制订出高预制率装配式的施工方案。

5.3.1　施工流程与施工部署

5.3.1.1　预制柱施工

预制柱施工前,先清理柱脚地表,然后在柱脚处放控制线,接着修正柱脚钢筋。完成后进行预制桩的吊装,调整柱的垂直度,接着进行柱脚坐浆,最后进行柱脚灌浆施工。预制柱主要施工流程如图 5-19 所示。

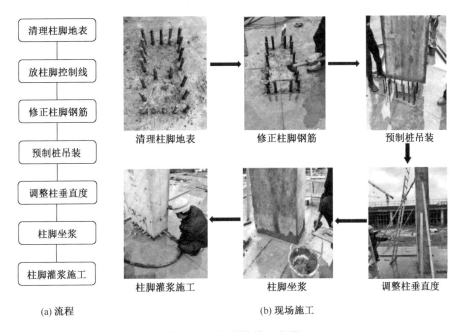

(a) 流程　　　　　　　　　　　　(b) 现场施工

图 5-19　预制柱施工流程

5.3.1.2　预制节点施工

预制节点施工时,首先找梁中心点进行放线;接着修正柱顶钢筋;然后开始进行梁柱节点吊装。吊装完成后进行梁柱节点间坐浆,接着进行梁柱节点灌浆。在主次梁节点和次梁节点搭设下部支撑,然后进行主次梁节点和次梁间节点吊装,最后进行现浇梁施工。预制节点主要施工流程如图 5-20 所示。

5.3.1.3　预制板施工

首先进行梁侧挑耳施工,在挑耳处坐浆;接着进行预制板的吊装、板钢筋的绑扎;最后进行现浇层的浇筑。预制板主要施工流程如图 5-21 所示。

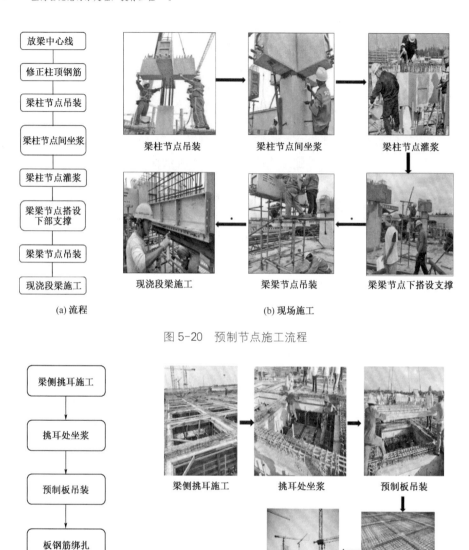

图 5-20 预制节点施工流程

图 5-21 预制板施工流程

5.3.1.4 施工部署

本工程施工现场在场地西侧开设施工车辆通行大门(1 号门)。环绕拟建建筑物铺设临时施工道路，并与大门连通。出入口与道路布置如图 5-22 所示。

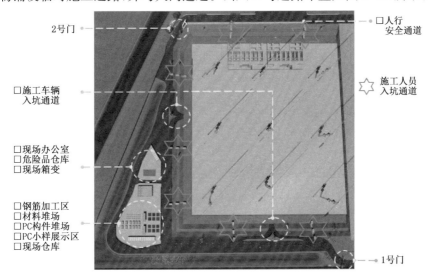

图 5-22 施工出入口示意

在场地西北角布置施工材料临时堆场及加工场地。钢筋、模板及 PC 构件堆场等结构材料堆放在拟建建筑物外沿施工道路侧。施工过程中将构件临时堆放于 PC 构件堆场，需要施工时采用货车短期驳运。施工现场材料堆场布置如图 5-23 和图 5-24 所示。

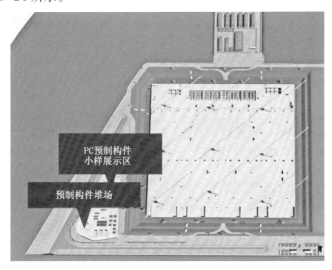

图 5-23 现场施工布置示意

图 5-24　预制构件堆场布置示意

　　根据工程 PC 预制构件最大重量约为 3.5 t。结合市场供应情况和塔吊旋转半径,通过选型、比较后,采用 9 台 STT293 塔吊。PC 预制构件吊装过程中,塔吊的作业半径控制在 60～70 m 范围内。在起吊半径覆盖范围内,塔吊吊装能力能满足施工要求。局部吊装不到的区域采用"货车＋小推车"的方式驳运。9 台塔吊平面定位及安装高度如图 5-25 和图 5-26 所示。

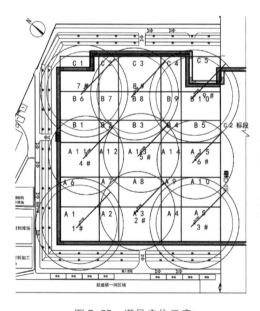

图 5-25　塔吊定位示意

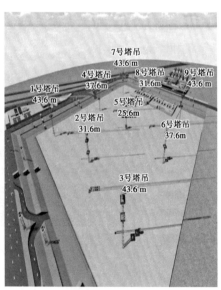

图 5-26　塔吊安装高度

5.3.1.5 总体施工流程

本工程 B0 层预制板施工顺序按照 B1 层结构施工顺序由西向东进行,同时 B2 施工分区内预制构件同步由底向上施工,预制装配式结构总体吊装施工流程如图 5-27 所示。

图 5-27 总体吊装施工流程

5.3.2 地下装配式混凝土结构施工

5.3.2.1 施工准备

工程开工前,现场按照设计院提供的 PC 项目设计图纸,借鉴已有的成熟节点施工工艺并结合本工程实际,做好以下施工准备。首先,组建、成立 PC 项目课题攻关小组和项目实施小组。其次,编制具有可操作性的装配式混凝土结构施工组织设计。施工组织设计完成后,加强设计图、施工图和 PC 加工图的结合,做好各图纸的相符性。通过对原设计图纸的优化,提供可行的工厂化制作和现场可施工的深化图。接着,做好专业多工种施工劳动力组织,选择和培训熟练技术工人。按照各种工种的特点和要点,加强安排与落实。同时落实施工前期工作,包括材料、预制件制造、养护、模板、表面装饰,保护起吊、运输、储存、临时支撑,安装防水接缝等。

工程交底按照三级技术交底程序要求逐级进行,特别是对不同技术工种的针对性交底要切实加强和落实。本工程在 B2 施工分区实施的预制种类繁多。因此,在每种 PC 构件施工前均需对作业人员进行重新交底。每次设计交底前,由项目工程师召集各相关岗位人员汇总、讨论图纸问题。设计交底时,切实解决疑难和有效落实现场碰到的图纸施工矛盾。切实加强与建设单位、设计单位、预制构件加工制作单位、施工单位以及其他相关单位的联系,及时加强沟通与信息联系。施工前,坚持样板引路制度,参照已施工的两层实验楼实样,让施工人员了解 PC 项目的特点和要点,从而在正式施工时有一个参照和实样概念。

5.3.2.2　PC 预制构件运输及堆放

预制柱、预制节点和预制板均采用平躺式运输,三种预制构件的堆放高度分别不得大于两层、三层和五层。层与层之间用短木料垫起并用不少于两道缆绳固定,防止预制柱运输过程的碰撞。为防止运输过程中构件的损坏,运输架应设置在枕木上,预制构件与架身、架身与运输车辆都要进行可靠的固定。运输时注意保护端部钢筋,防止钢筋弯曲影响后续施工。

本工程预制装配式施工平面范围广,场内运输吊装分为三种情况:

(1) 对于环基坑周边的结构分块(A1,A2,A3,A4,A5,A6,A7,A8,A9,A10,A11,A12,B1,B2,B6,B7),采用运输车辆停放于环基坑通道上由塔吊进行吊装;

(2) 对于中部主通道附近塔吊作业半径范围内的结构分块(A13,A14,B3,B8,B9),由塔吊直接将主通道上车辆的预制构件起吊运输;

(3) 对于主通道无法运输的部位(A15,B4,B5,B10),在 B4 分区的顶层板设置中转平台。

在有条件的情况下,预制构件运输至施工现场后应做到随到随吊。对环基坑道路周边的区域采用车辆运输至环基坑道路上,由塔吊直接起吊至吊装地点,如图 5-28 所示。

对于基坑边塔吊半径无法吊装区域,利用结构中部预留的主通道将预制构件运输至塔吊作业半径范围内进行吊装施工。主通道为结构设计中车辆通行道路,采用宽 7 m 和厚 250 mm 的 C30 混凝土。主通道根据设计要求允许荷载为 35 kN/m^2。主通道上预制板待周边区域预制板吊装完成后最后施工。

对于主通道无法直接到达区域采用设置中转平台的形式(图 5-29),将预制构件吊装至 B4 已浇筑完成的区域,再由另一塔吊吊装至施工区域。

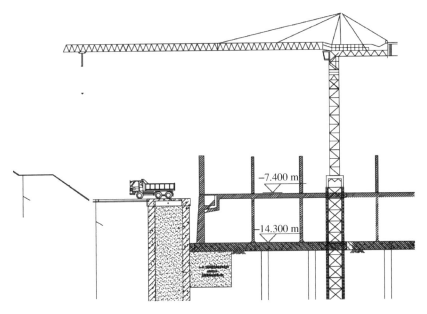

图 5-28 环基坑边结构区域预制板吊装示意

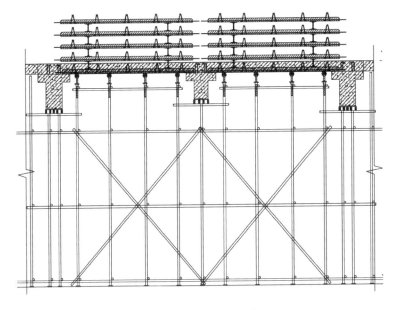

图 5-29 中转平台示意

预制构件经吊装后在预定场地堆积。堆放场地应做到平整,采用 20 cm 厚 C30 混凝土以及底层配置双向 HRB400 级 Φ14 级钢筋的方案进行硬化处理。本工程构件堆场设置在场地西北角,施工时配备一台 25t 汽车吊配合施工。

预制构件在堆放时应采用垫木支撑,用以保护构件并便于构件起吊。其中,预制柱构件堆放时宜平放且用 2 条垫木支撑,如图 5-30 所示。预制节点堆放时,在节点吊点下设置 4 条枕木进行支撑。预制板采取水平堆放,每次堆放层数不得大于 5 层,如图 5-31 所示。

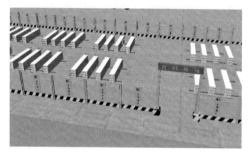

图 5-30 预制柱构件堆场

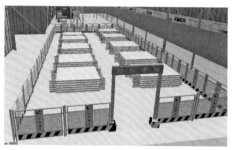

图 5-31 预制板堆场

5.3.2.3 预制构件支撑体系

本工程设计的预制构件支撑系统包括 B1 层预制板的临时固定、B1 层预制柱的临时固定、B0 层预制节点的临时固定和 B0 层预制板的搁置。以下对这些临时固定的设计和施工进行简要的阐述。

1. B1 层预制板的临时固定

B1 层预制板下采用普通钢管扣件支撑体系支撑,搭设高度 5 m,板下立杆间距 900 mm,步距 1 800 mm。立面剪刀撑每 5 m 设置一道,如图 5-32 所示。待上部整浇层施工完成并达到设计强度后再拆除。

2. B1 层预制柱的临时固定

在塔吊吊装之前,施工人员在构件吊装到相应位置后需及时将支撑钢板固定在预制柱上。在预制柱按照测量员投放的线安装到位后,施工人员将斜撑的钢管支撑在支撑钢板上和露面的支撑点上,如图 5-33 所示。

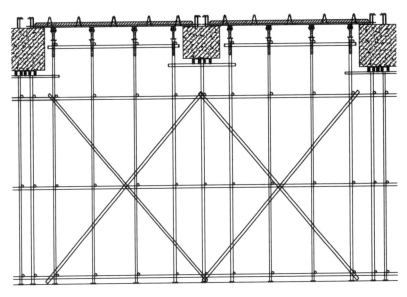

图 5-32 B1 层预制板采用普通钢管支撑体系

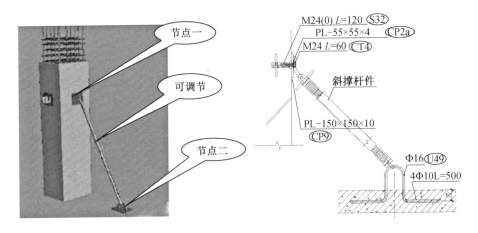

图 5-33 斜撑预制柱节点

3. B0 层预制节点的临时固定

本工程 B0 层预制节点的临时固定分为两种情况：

（1）预制柱梁节点搁置于 B1 层方柱上，并采用专用调节器调节（图 5-34）；

（2）其余节点搁置于盘扣式模板支架上，采用顶托调节（图 5-35）。

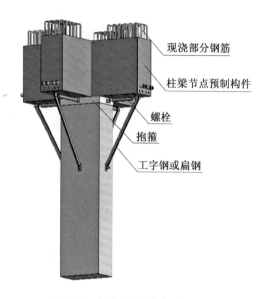

图 5-34 预制柱梁节点采用专用
调节器临时固定

标注文字:
现浇部分钢筋
柱梁节点预制构件
螺栓
抱箍
工字钢或扁钢

图 5-35 其他预制节点采用盘口
模板支架临时支撑

4. 层预制板的搁置

本工程 B0 层预制板支撑于现浇梁侧挑耳上,挑耳下方设置盘扣式模板支架。预制板利用自身强度搁置在挑耳上,不再另外搭设模板支架,如图 5-36 所示。吊装施工前在挑耳处采用坐浆方式调平预制板并封堵板与梁之间缝隙,如图 5-37 所示。

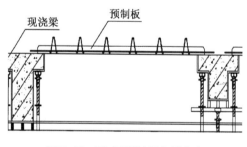

标注文字:
现浇梁
预制板

图 5-36 B0 层预制板支撑节点

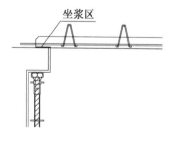

标注文字:
坐浆区

图 5-37 坐浆区域示意

5.3.2.4 吊装施工

本工程的预制构件总体吊装顺序如下。

（1）B0 层预制板的顺序：A 区—B 区；

（2）B2 分区的总体顺序：B1 层预制板—B1 层预制柱—B0 层预制节点—B0 层预制板等。

吊装采取整体推进式顺序，确保框架的安全性。在吊装预制构件时，必须确保下部支撑构件达到设计强度。以下就 B2 分区的预制构件的吊装施工过程进行简要的阐述。

1. B1 层预制板吊装

B1 层预制板吊装施工流程：B2 层梁板支撑搭设—预制板下坐浆—板吊装—调平，如图 5-38 所示。

（a）预制板下支撑板

（b）预制板吊装

（c）预制板就位

（d）预制板安装按成

图 5-38　预制板吊装示意

预制板吊装前应检查是否存在可调支撑高出设计标高，校对预制梁之间的尺寸是否有偏差，并作相应的调整。当一跨板吊装结束后，及时对板进行校正以确保其平整度。叠合板采用预制构件吊装扁担梁进行吊装,通过 4 个或 8 个吊点均匀受力,保证构件平稳吊装。

起吊时要先试吊:先吊起距地 50 cm 停止,检查钢丝绳、吊钩的受力情况,使叠合板保持水平,然后吊至作业层上空。就位时叠合板要从上垂直向下安装,在作业层上空 60 cm 处略作停顿。施工人员手扶楼板调整方向,将板的边线与梁上的控制线对准,注意避免叠合板上的预留钢筋与梁箍筋相碰。放下时要平稳慢放,以避免冲击力过大造成板面震折裂缝。5 级风以上时应停止吊装。在调整板的位置时应垫以小木块,不能直接使用撬棍,以避免损坏板边角。板的位置要保证搁置长度的偏差不大于 5 mm。楼板安装完后进行标高校核,并根据需要调节板下的可调支撑。

2. B1 层预制柱吊装

B1 层预制柱吊装施工流程如图 5-39 所示。柱子在吊装到楼层时预先根据已经弹好的线进行定位。一般吊装完两跨柱子后,专职放线员使用经纬仪控制柱的垂直度,并且进行跟踪核查。垂直度符合要求后用斜拉杆进行固定,固定点为两个 M24 螺栓,钢板厚度为 10 mm,如图 5-40 所示。

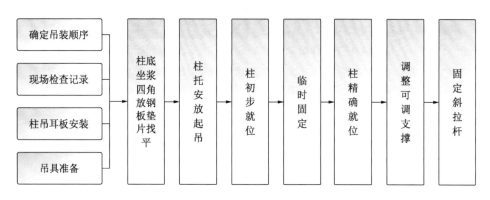

图 5-39　预制柱吊装流程

检查预制柱进场的尺寸、规格,混凝土的强度是否符合设计和规范要求,检查柱上预留套管、预留钢筋是否满足图纸要求,套管内是否有杂物。其中,预制柱尺寸误差需满足表 5-2 的要求。预制柱的垂直度采用经纬仪测定并控制。若有少许偏差,就运用千斤顶等进行调整。吊装前在柱四角放置金属垫块,以利于预制柱的垂直度校正。

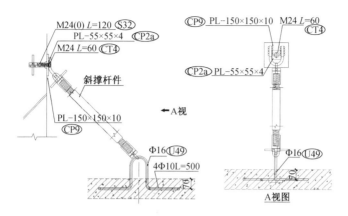

图 5-40　预制柱固定示意

表 5-2　构件尺寸允许偏差及检验方法

项目	允许偏差/mm	检验方法
柱主筋轴线	±3	用尺量
柱主筋长度	±10	用尺量
预埋套管轴线	±3	用尺量
预埋套管的深度	±10	用尺量
长	−10，+5	用尺量
宽	±5	用尺量
高	±5	用尺量

3. 预制节点吊装

本工程预制十字梁节点采用扁担梁四点起吊,如图 5-41 所示。在预制柱吊装完成的情况下,采用如图 5-42 和图 5-43 所示的施工流程:节点支撑搭设—节点吊耳—扁担梁起吊—调平。

预制节点吊装前必须对各支撑顶标高复核,确认无误后方可进行吊装施工。梁起吊时,用吊索钩住扁担梁的吊环,吊索应有足够的长度以保证吊索和预制节点之间的角度小于60°。当梁初步就位后,借助专用调节器或者顶托上的调节丝环调节预制节点标高。在调平同时将下部可调支撑上紧,此时方可松去吊钩。

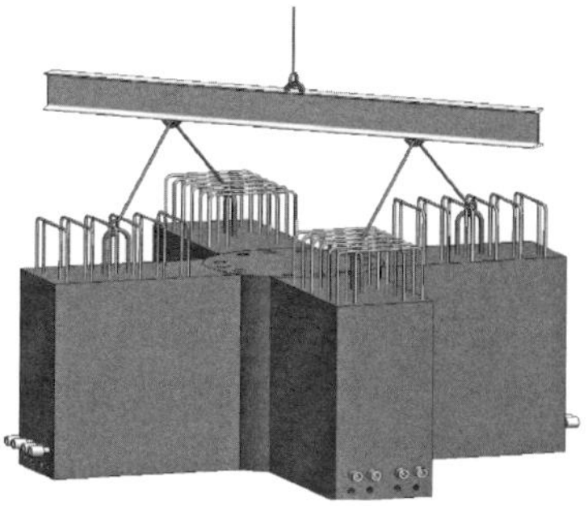

图 5-41　预制节点吊装示意

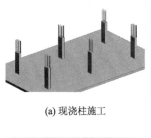  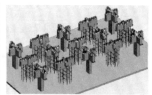

(a) 现浇柱施工　　　　　　　(b) 节点下排架搭设　　　　　　(c) 预制节点吊装

(d) 节点间现浇段施工　　　　　(e) 预制板吊装　　　　　　　　(f) 整浇层施工

图 5-42　预制节点吊装流程

(a) 柱顶钢筋定位复核　　　　　(b) 柱梁安装　　　　　　　　(c) 钢垫块固定标高

(d) 标高确认复核　　　　　　　(e) 其余节点吊装　　　　　　(f) 柱梁节点坐浆封堵

图 5-43　预制节点吊装现场示意

吊装过程应遵循"柱梁节点—主次梁节点—次梁节点"的施工顺序。预制节点吊装完成后,需对节点标高及轴线复核,确认无误后再施工下一道工序。如标高或轴线不准,需及时起吊,重新定位后再施工。

4. B0 层预制板吊装

B0 层预制板吊装的施工流程为:现浇梁施工—现浇梁养护达到强度—挑耳处坐浆—预制板吊装—调平,如图 5-44 所示。

(a) 预制板吊装

(b) 梁挑耳清理

(c) 坐浆层施工

(d) 预制板就位

图 5-44　预制板吊装流程

为保证构件平稳吊装,设置两级吊梁。下方吊梁采用 $16^\#$ 工字钢,上部采用 $18^\#$ 工字钢作为扁担梁。6 个吊点均匀受力,如图 5-45 所示。

起吊时要先试吊。先吊起距地 50 cm 停止,检查钢丝绳、吊钩的受力情况,使叠合板保持水平。就位时,叠合板要从上垂直向下安装,在作业层上空 60 cm 处略作停顿。施工人员手扶板调整方向,将板的边线与墙上的安放位置线对准。注意避免叠合板上的预留钢筋与梁钢筋相碰,放下时要平稳慢放,避免冲击力过大造成板面震折裂缝。5 级风以上时应停止吊装。

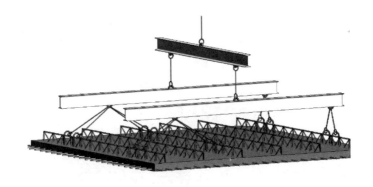

图 5-45　预制板吊装示意

5.3.2.5　灌浆施工

本工程预制柱通过钢筋套筒灌浆连接,采用 M22,M25,M28 的规格的优耐特全灌浆套筒,其构造示意如图 5-46 所示。

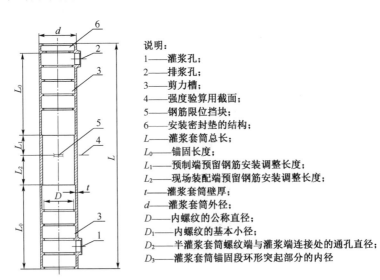

说明:
1——灌浆孔;
2——排浆孔;
3——剪力槽;
4——强度验算用截面;
5——钢筋限位挡块;
6——安装密封垫的结构;
L——灌浆套筒总长;
L_0——锚固长度;
L_1——预制端预留钢筋安装调整长度;
L_2——现场装配端预留钢筋安装调整长度;
t——灌浆套筒壁厚;
d——灌浆套筒外径;
D——内螺纹的公称直径;
D_1——内螺纹的基本小径;
D_2——半灌浆套筒螺纹端与灌浆端连接处的通孔直径;
D_3——灌浆套筒锚固段环形突起部分的内径

图 5-46　全灌浆套筒构造示意

灌浆套筒灌浆段最小内径尺寸要求和变形性能要求如表 5-3 和表 5-4 所列。灌浆连接端用于钢筋锚固的深度不宜小于钢筋直径的 8 倍。

表 5-3   灌浆套筒灌浆段最小内径尺寸

钢筋直径/mm	套筒灌浆段最小内径与连续钢筋公称直径差最小值/mm
12～25	10
28～40	15

表 5-4   灌浆套筒灌浆段连接接头的变形性能

项目		变形性能要求
对中单向拉伸	残余变形/mm	$u_0 \leqslant 0.10(d \leqslant 32)$ $u_0 \leqslant 0.14(d > 32)$
	最大受力下总伸长率/%	$A_{sgt} \geqslant 6.0$
高应力反复拉压	残余变形/mm	$u_{20} \leqslant 0.3$
大变形反复拉压	残余变形/mm	$u_4 \leqslant 0.3$ 且 $u_8 \leqslant 0.6$

注：① u_0 为接头试件加载至 $0.6 f_{yk}$ 并卸载后在规定标距内的残余变形；
② A_{sgt} 为接头试件的最大受力下总伸长率；
③ u_{20} 为接头试件按规定加载过程经高应力反复拉压 20 次后的残余变形；
④ u_4 为接头试件按规定加载过程经大变形反复拉压 4 次后的残余变形；
⑤ u_8 为接头试件按规定加载过程经大变形反复拉压 8 次后的残余变形。

1. 灌浆料

灌浆料的基本强度要求为 28 d 强度不小于 85 MPa，应完成包括型式检验在内的所有试验。检测指标及要求如表 5-5 和表 5-6 所列。施工现场的灌浆料宜存储于室内，并采取有效的防雨、防潮和防晒措施。本工程灌浆料采用与灌浆套筒同品牌的优耐特灌浆料。

表 5-5   套筒灌浆料技术性能

检测项目		性能指标
流动度	初始	≥300 mm
	30 min	≥260 mm
抗压强度	1 d	≥35 MPa
	3 d	≥60 MPa
	28 d	≥85 MPa
竖向膨胀率	3 h	≥0.02%
	24 h 与 3 h 差值	0.02%～0.5%
氯离子含量		≤0.03%
泌水率		0

表 5-6　套筒灌浆料试块检测性能

密封砂浆检验项目		性能指标
下垂度	90 s	≤50 mm
侧向变形度	90 s	≤3.0%
抗压强度	1 d	≥10 MPa
	3 d	≥25 MPa
	28 d	≥45 MPa
黏结强度		≥0.5 MPa
竖向自由膨胀率	24 h	0.01%～0.1%
泌水率	%	0

灌浆的施工顺序为：灌浆孔疏通清理—高压水清洗—分仓—封仓—灌浆孔湿润—灌浆—封堵。在具体施工过程中应注意以下事项：

（1）灌浆前应清理干净并润湿构件与灌浆料接触面，保证无灰渣、无油污、无积水；

（2）根据构件种类及现场施工条件采用适当的接缝处理方法将灌浆孔密封，确保接头砂浆不会流出；

（3）制备接头砂浆时应检查砂浆的流动度及泌水情况，并使砂浆内气泡自然排出；

（4）灌浆要在自来水搅拌开始计时 30 min 内完成，必要时还应根据施工现场温度和实际砂浆凝固时间作相应调整，确保足够的灌浆时间；

（5）一个灌浆单元只能从一个灌浆口注入，并在套筒排浆孔流出砂浆后，立即封堵排浆孔。

2. 灌浆密封

灌浆密封的施工流程为：清理接缝—冲水湿润接触面及构件—搅拌浆料—放置钢筋—塞实接缝—抹压坐浆料—缓慢抽出钢筋—养护。

首先，将预制构件吊装到设计部位，调整预制构件的水平和竖向位置直至符合要求。用 4 根钢筋作为坐浆料封堵模具塞入构件与地梁的 20 mm 水平缝中。一般情况下，钢筋外缘与构件外缘距离不小于 15 mm。

其次，将密封材料灌入专用填缝枪中待用。为防止密封砂浆坠滑，在柱底部架空层中放入一根 L 形钢条。用填缝枪沿柱外侧下端架空层自左往右向架空层内注入密封砂浆,并用抹刀刮平砂浆。局部密封完成后,轻轻抽动钢条沿柱、墙底边向另一端移动。待柱的另一端架空层也被密封时,捏住钢条短边转动角度轻轻抽出。

最后,检查柱四周的密封。若发现有局部坠滑现象或孔洞应及时用密封砂浆修补。密封处理完成后,夏季 12 h 或冬季 24 h 后即可进行钢筋连接灌浆施工。

灌浆密封时应注意以下几个事项:

(1) 在封浆前数小时内采用压力水管将接缝冲水润湿(但不应存在明水),保证接缝内无油污、浮渣等杂质;

(2) 搅拌坐浆料需采用机械搅拌 3~6 min,直至均匀(手握成团)为止;

(3) 抹压坐浆料时宜抹压成一个倒角,可增加与楼地面的摩擦力,保证灌浆时不会因灌浆压力过大造成坐浆料整体被挤出的情况;

(4) 分仓距离宜为 1.5~2 m,分仓距离过小易造成灌浆时密封舱内压力过大将坐浆料胀裂或挤出,分仓距离过大可能会造成密封舱内浆料不密实。

3. 灌浆施工

灌浆的施工流程为:拌制灌浆料—现场流动度检测—采用机械灌浆—封堵—检查灌浆情况—必要时手动二次灌浆—封堵记录。

首先,灌浆料搅拌时,灌浆料与水的比例宜为 1∶0.125~1∶0.135。在搅拌桶中加水,采用手持式搅拌机搅拌 3~5 min。之后静置 2~3 min,待气泡自然排除。

其次,拌制好的灌浆料在倒入灌浆机时应经过滤筛网,以防止大颗粒堵塞灌浆机。将灌浆料倒入灌浆机内循环几次后开始灌浆。灌浆时,控制灌浆料流速在 0.8~1.2 L/min。待灌浆料从压力软管中流出时,将钢套管插入灌浆孔中。一个灌浆单元只能从一个灌浆口注入,不得同时从多个灌浆口注浆。这是因为二侧以上同时灌浆会窝住空气,形成空气夹层。灌浆过程如图 5-47 所示。

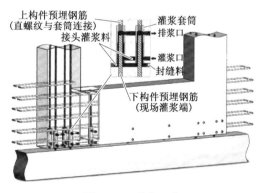

图 5-47　灌浆示意

再次,当 L 形管流出砂浆后,取出 L 形管,立即用橡皮塞封堵流出孔。如依次对多个接头灌浆,应依次封堵已排出水泥砂浆的灌浆或排浆孔,直至封堵完所有接口的排浆孔,如图 5-48 所示。

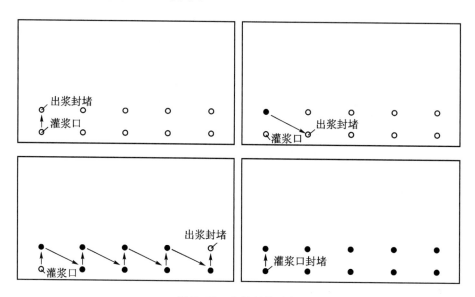

图 5-48   出浆封堵示意

最后,在灌浆完成后拔出橡皮塞,并观察排浆孔内浆料密实情况。如不密实需要手动二次注浆。灌浆机清洗时可加入海绵球,循环多次至清水为止,防止管道内存在泥浆。

灌浆施工时应注意,若气温高于 25℃,灌浆料应储存于通风、干燥、阴凉的场所,运输过程中应注意避免阳光长时间照射。夏季晴天时,由于阳光照射,预制构件表面温度远高于气温。当表面温度高于 30℃时,应预先采取降温措施。拌和水水温应控制在 20℃ 以下,不得超过 25℃,尽可能现取现用。搅拌机和灌浆泵应尽可能存放在阴凉处,使用前使用冷水降温并润湿,搅拌时应避免阳光直射。

5.3.3 混凝土现浇段施工

5.3.3.1 梁模板支架体系

预制节点间的现浇梁段长度为 1 400～1 600 mm,此部分梁采用现浇混凝土结构施工。梁模板采用"铝膜面板＋16#工字钢吊模"的工具式模板支架体系,如图 5-49 和图 5-50 所示。模板支架预埋有两个 φ18 mm 的孔洞。预制梁节点吊装至指定位置后,在孔内穿插 φ16 mm 的螺栓。构件上部铺设 10 mm 厚钢板垫片并采用螺母固定,下挂 16#工字钢并采用 10 mm 厚 U 形钢板包边固定。预制梁节点间现浇段部分的钢筋采用两侧的钢筋接驳器接出并在现浇梁部分搭接的形式,如图 5-51 所示。

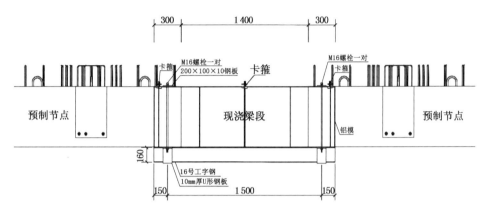

图 5-49　工具式模板支架立面(单位:mm)

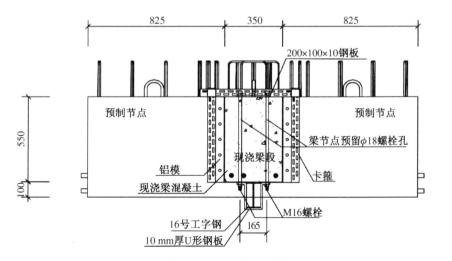

图 5-50　工具式模板支架剖面图(单位:mm)

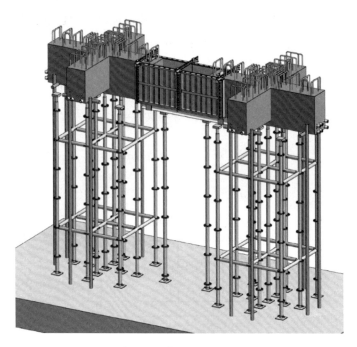

图 5-51 节点间现浇梁端模板支架体系示意

5.3.3.2 楼板支架体系

B0 层预制板搁置于现浇梁两侧挑耳上,采用盘扣式模板支架体系。板下不再另外搭设模板支架,如图 5-52 所示。

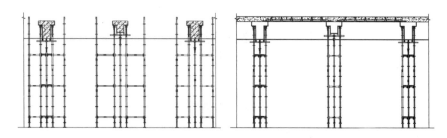

图 5-52 盘扣式模板支架及预制板搭设示意

B1 层预制板板下采用普通钢管扣件式模板搭设满堂模板支架。模板支架搭设高度 5 m,板厚 200 mm。钢管采用 $\phi48 \times 3.0$ 钢管,立杆步距采用 1.8 m。排架具体参数如下(图 5-53):

（1）楼板厚 200 mm，木方间距 200 mm，排架立杆间距 900 mm×900 mm，排架横杆步距 1 800 mm；

（2）模板下搁栅采用 45 mm×90 mm 方木，板下木方间距控制在 250 mm 以内；

（3）在排架顶部和底部各设置一道水平剪刀撑；

（4）在排架外侧及内部纵、横向每 5～8 m 由底至顶设置连续竖向剪刀撑，剪刀撑宽度为 5～8 m；

（5）排架立柱伸出顶层水平杆中心线至支撑点的长度小于 450 mm。

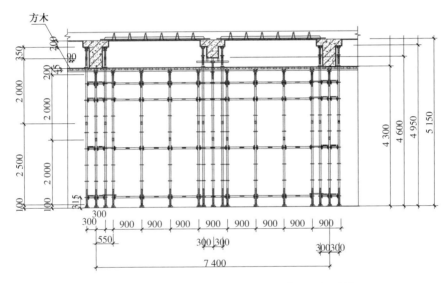

图 5-53　B1 层预制板板下钢管扣件式满堂模板支架（单位：mm）

5.3.3.3　模板安装

模板的主要施工流程为：弹线—绑扎柱和侧墙钢筋—支撑柱和顶板模板—绑扎顶板钢筋—安装预埋件—检查验收。

首先，引测建筑的各条轴线。模板放线时，根据施工图用墨线弹出模板的内边线和中心线。墙、柱模板要弹出模板的边线和外侧控制线，以便于模板的安装和校正。其次，做好标高引测工作。根据实际标高要求，用水准仪将建筑物水平标高直接引测到模板安装位置。接着，进行找平工作。墙、柱模板承垫底部应保证竖向模板根部位置接缝严密，防止模板底部漏浆。最后，按施工需用的模板及配件对其规格、数量逐项清点检查,未经修复的部件不得使用。模板检查合格后,应按照安装程序进行堆放或装车运输。重叠平放时,每层之间应加垫木。模板与垫木均应上下对齐,底层模板应垫离地面不小于 10 cm。

5.3.3.4　模板拆除

当侧模能保证混凝土表面及棱角不受损坏时(混凝土强度大于 1.0 MPa)方可进行模板拆除。此外,底模的拆除还应符合《混凝土结构工程施工及验收规范》(GB 50204—2011)的有关规定。模板拆除的顺序和方法应遵循"先支后拆""先非承重部位后承重部位"以及"至上而下"的原则。

拆模必须一次性拆清,不得留下无撑模板。拆下的模板、管子要及时清理,堆放整齐。顶撑应分批拆下,然后按顺序拆下搁栅、底模,以免发生模板自重荷载下一次性大面积脱落。各类模板构件在拆除时的混凝土强度等级应满足表 5-7 所列的要求。

表 5-7　模板拆除时混凝土强度等满足的要求

构件类型	跨径	设计强度等级的百分率
板和拱	≤2.0 m	50%
	2.0～8.0 m	75%
梁	≤8.0 m	75%
承重构件	≥8.0 m	100%
悬臂梁和悬臂板	—	100%

5.3.3.5　钢筋施工

钢筋应按图准确翻样,进场的钢筋必须持有成品质保书、出厂质量证明书和试验报告单。每批进入现场的钢筋由材料员和钢筋翻样组织人员进行检查验收,认真做好清点和复核工作,确保每次进入现场的钢筋到位准确。对进场的各主要规格的受力钢筋,由取样员会同监理,根据实际使用情况抽取钢筋碰焊接头和原材料试件等,及时送试验室对试件进行力学性能试验,经试验合格后方可投入使用。

柱钢筋布置时,每层结构的柱头在板面上要确保位置准确无偏差。如个别确有少量偏位或弯曲,应及时在本层楼顶板面上校正偏差位,确保钢筋垂直度。在绑扎钢筋时,全部箍筋均只能从柱顶上部逐一套入,套入时要注意箍筋开口倒角的位置。柱的箍筋弯钩应交错放置,并绑扎在四周纵向立筋上。箍筋的弯钩角度为 135°。柱在每层板面上的竖向筋绑扎不少于两只柱箍,最下方柱箍与板面梁筋点焊固定。通过这种方式确保竖向钢筋不偏位。

对于墙板插筋,应在板面上 500 mm 高范围内扎好不少于两道水平筋和"S"钩撑铁。在钢筋搭接段的中心和两端用铁丝扎牢,绑扎网必须顺直,严禁扭曲。墙体水平筋进柱时,锚固长度必须满足设计及有关规范要求。

在布置梁钢筋时,相邻梁的钢筋尽量拉通,以减少钢筋的绑扎接头。必要时会同技术员先根据图纸绘出大样,然后再加工绑扎。梁箍筋接头交错布置在两根架立钢筋上,板、次梁、主梁上下钢筋排列严格按图纸和规范要求布置。在主次梁钢筋交错施工时,次梁钢筋一般搁置于主梁钢筋上。为避免主次梁相互交接时的交接部位节点偏高而造成楼板偏厚,中间梁的部分位置处采取次梁主筋穿于主梁内筋内侧的方式。梁主筋与箍筋的接触点全部用铁丝扎牢,墙板、楼板双向受力钢筋的相互交点必须全部扎牢。非双向配置的钢筋相交点,除靠近外围两行钢筋的相交点全部扎牢外,中间可按梅花形交错绑扎牢固。布置箍筋时,梁和柱的箍筋应与受力钢筋垂直设置。箍筋弯钩叠合处,应沿受力钢筋方向错开设置。箍筋弯钩必须为 135°,且弯钩长度不得小于箍筋直径的 10 倍。

钢筋绑扎施工时,墙和梁可先在单边支模后,再按顺序扎筋。钢筋绑扎完成后,由班长填写"自检、互检"表格,请专职质量员验收。项目质量员及钢筋翻样严格按施工图和规范要求进行验收。验收合格后,再分区分批逐一请监理验收。验收通过后方可进行封模工作。每层结构竖向、平面的钢筋、拉结筋、预埋件、预留洞、防雷接地全部通过监理验收,由项目质量员填写隐蔽工程验收意见后提交监理签证。浇捣混凝土时应及时对钢筋进行纠偏并清除插筋上黏附的混凝土。钢筋加工的形状、尺寸和偏差率应符合要求。加工完成后的钢筋应进行验收,符合要求后方可用于工程。采用电渣压力焊施工时,钢筋的端接部应切平,并清除铁锈。对焊钢筋轴线垂直对接,特别是上下钢筋的边缝一定要对齐,接头处弯折不大于 2°,接头处钢筋轴线偏移不大于钢筋直径的 10% 且不大于 2.0 mm。焊接后的接头焊包应均匀、无裂纹,钢筋表面无明显缺陷,接头处钢筋位移超过规定的要重新焊接。同时为了补偿焊接时的长度损失,翻样时钢筋长度宜放长 5 cm。电渣压力焊接要逐个进行外表检查,并按规定每层 300 个同类接头取一组(三根)试样进行试验。直螺纹连接必须按设计要求,除适用厂家的技术标准外,还应遵守《混凝土结构工程施工质量验收规范》(GB 50204—2015)的要求。施工中注意对直螺纹的保护，必须用塑料套包住螺纹丝牙，严禁机械等碰撞。连接要用专用工具，螺纹露出套筒的丝牙数要满足要求，以保证连接可靠性。丝牙损坏不得强行连接，接头必须按比例送检。

5.3.3.6 混凝土施工

在混凝土浇捣前，施工现场应先做好各项准备工作：

(1) 机械设备、照明设备等应事先检查，保证完好符合要求；

(2) 模板内的垃圾和杂物要清理干净，木模部位要隔夜浇水保湿；

(3) 搭设硬管支架，做好加固工作；

(4) 做好交通、环保等对外协调工作，确定行车路线；

(5) 制订浇捣期间的后勤保障措施。

为了加强现场与搅拌站之间的联系，搅拌站应派遣驻场代表，发现问题及时解决。每台泵由专人在施工面上统一指挥，控制好泵车的速度，合理供料。每台泵配备4台振捣棒。混凝土浇捣前各部位的钢筋、埋件插筋和预留洞必须由有关人员验收合格后方可进行浇捣。

在混凝土浇捣时，为保证混凝土质量，主管混凝土浇捣的人员一定要明确每次浇捣混凝土的级配和方量，以便混凝土搅拌站能严格控制混凝土原材料的质量技术要求。对不同构件的混凝土浇捣，采用先浇捣墙、柱混凝土，后浇捣梁、板混凝土的顺序。并且，在墙、柱混凝土初凝前完成梁、板混凝土的覆盖浇捣。为保证施工时间，混凝土配制采用缓凝技术，入模缓凝时间控制在6 h。

在混凝土养护工作阶段，当已浇捣的混凝土强度未达到1.2 MPa时，在通道口设置警戒区，严禁在其表面踩踏或安装模板、钢筋和排架。对已浇捣完毕的混凝土，在混凝土终凝后进行浇水养护，浇水次数应能使混凝土处于润湿状态。当气温高于30℃时适当增加浇水次数，当气温低于5℃时不浇水。

5.3.4 地下装配式混凝土结构施工质量控制

本工程预制构件装配施工阶段正值现场施工高峰，周边环境复杂，预制构件的运输和堆放管理难度大。预制构件体积大、数量多，吊装风险大，并且现场安装定位精度要求高。为此，对预制构件存放、预制构件质量、测量定位、预制梁节点(预制柱、预制板)的安装、预制构件现浇段、套筒灌浆施工等方面加强了质量控制。

5.3.4.1 预制构件运输及存放

监理要求施工单位运输预制柱、梁节点、预制板时宜采用平放运输,构件边角部及构件与捆绑、支撑接触处,宜采用柔性垫衬加以保护。运输过程必须采取防止构件移动或倾覆的可靠固定措施。

预制构件进场后,应按品种、规格、吊装顺序分别设置堆垛,存放堆垛设置在吊装机械工作范围内。预制叠合板、柱、梁宜采用叠放方式,预制叠合板放层数不宜大于 6 层,预制柱梁叠放层数不宜大于 2 层。底层及层间应设置支垫,支垫应平整且应上下对齐,支垫地基应坚实,不得将构件直接放置于地面上。预制构件堆放超过上述层数时,必须对支垫、地基承载力进行验算。构件运输和存放时,预埋吊件所处位置应避免遮挡,使之易于起吊。

5.3.4.2 预制构件质量检查

对进场构件外观质量、尺寸偏差和出厂标识等进行质量检查,并审查预制构件质量证明文件。根据表 5-8 对预制构件外观质量进行评估。预制构件外观质量不应有严重缺陷。产生一般缺陷时,由预制构件生产单位或施工单位进行修整处理,修整技术处理方案经监理单位确认后实施。经修整处理后的预制构件应重新检查,合格后方可使用。

表 5-8 预制构件外观质量

名称	现象	严重缺陷	一般缺陷
露筋	构件内钢筋未被混凝土包裹而外露	主筋有露筋	其他钢筋有少量露筋
蜂窝	混凝土表面缺少水泥砂浆面形成石子外露	主筋部位和搁置点位置有蜂窝	其他部位有少量蜂窝
孔洞	混凝土中孔穴深度和长度均超过保护层厚度	构件主要受力部位有孔洞	不应有的孔洞
夹渣	混凝土中夹有杂物且深度超过保护层厚度	构件主要受力部位有夹渣	其他部位有少量夹渣
疏松	混凝土中局部不密实	构件主要受力部位有疏松	其他部位有少量疏松
裂缝	缝隙从混凝土表面延伸至混凝土内部	构件主要受力部位有影响结构性能或使用功能的裂缝	其他部位有少量不影响结构性能或使用功能的裂缝
连接部位缺陷	构件连接处混凝土缺陷,连接钢筋、连接件松动,灌浆套筒未保护	连接部位有影响结构传力性能的缺陷	连接部位有基本不影响结构传力性能的缺陷

（续表）

名称	现象	严重缺陷	一般缺陷
外形缺陷	内表面缺棱掉角、棱角不直、翘曲不平等外表面面砖黏结不牢、位置偏差、面砖嵌缝没有达到横平竖直、转角面砖棱角不直、面砖表面翘曲不平等	清水混凝土构件有影响使用功能或装饰效果的外形缺陷	其他混凝土构件有不影响使用功能的外形缺陷
外表缺陷	构件内表面麻面、掉皮、起砂、沾污等，外表面面砖污染、预埋门窗框破坏	具有重要装饰效果的清水混凝土构件、门窗框有外表缺陷	其他混凝土构件有不影响使用功能的外表缺陷，门窗框略有外表缺陷

5.3.4.3 预制构件的测量定位

预制构件轴线的引测与控制采用"以内为主、以外为辅"的测量方法。按照楼层纵、横向控制线和构件十字墨线的对缝控制，使构件与构件之间、构件与楼面原始控制线保持吻合和对直。每层楼面轴线垂直控制点不宜少于 4 个，楼层上的控制线必须由底层向上传递引测，高程引测控制点设置 1 个。

预制构件吊装前，应在构件和相应的支承结构上设置中心线和标高，并按设计要求校核预埋件及连接钢筋等的数量、位置、尺寸和标高。预制构件安装位置线应由控制线引出，且每件预制构件必须设置两条安装位置线。

预制柱安装前，应在柱上弹出竖向与水平安装线。安装线必须与楼层安装位置线相符合。为进行预制柱垂直度测量，宜在构件上设置用于垂直度测量的控制点。在竖向构件上安装预制节点时，宜采用放置垫块的方法或在构件上设置标高调节件对标高进行控制。

5.3.4.4 预制构件安装

预制构件吊装宜采用标准吊具，起吊时吊点合力宜与构件重心重合，绳索与构件水平面的夹角不应小于 45°。吊装过程力求做到"慢起、快升、缓放"。吊装时，构件上必须设置缆风绳控制构件转动，保证构件就位平稳。吊装过程中，严禁构件长时间悬挂在空中。

预制柱的安装采用由上而下的插入式，就位后应在两个方向采用可调斜撑作临时固定，并进行垂直度调整。完成垂直度调整后，应在柱子四角缝隙处加塞垫片。预制柱的临时支撑必须在套筒连接器内的灌浆料强度达到 35 MPa 后方可拆除。

预制梁的安装应对预制柱上梁节点的搁置位置进行复测和调整，同时对预制梁节点上的预埋套筒规格和位置等按设计要求进行复核。当预制梁节点采用临时支撑时，必须对临边支撑进行验算。

预制叠合板的安装应检查外伸预留钢筋是否弯折和相邻板缝的平整度。同时对安装位置的水平标高进行复核。预制叠合板拼接位置应避开施工集中荷载或受力较大部位。相邻叠合楼板间拼缝大于 30 mm 时必须采用防水细石混凝土填实。预制叠合板安装施工时设置的临时支撑必须有足够的强度和稳定性，在后浇混凝土强度达到设计要求后方可拆除。

5.3.4.5 结构构件连接

1. 套筒灌浆连接

灌浆施工前对其施工条件进行逐项检查落实，对灌浆准备工作、实施条件、安全措施等进行全面检查。重点核查套筒内连接钢筋长度及位置、坐浆料强度、接缝封堵方式、封堵材料性能、灌浆腔连通情况等是否满足设计及规范要求。灌浆条件全部满足要求后由总监签发灌浆令，监理人员对整个灌浆施工进行全过程旁站。

灌浆作业时检查灌浆料配比及其流动度是否满足设计及规范要求。检查预制构件与现浇混凝土接触位置，是否拉毛或凿毛处理。采取压浆法从下口灌注，当浆料从上口流出时及时封堵，持压 30 s 后再封堵下口。检查施工单位是否及时做好灌浆作业施工质量检查记录，每工作班制作试件的情况。灌浆作业时必须保证浆料在 48 h 凝结硬化过程中连接部位温度不低于 10℃。

2. 密封材料嵌缝

密封防水部位的基层应牢固，表面应平整、密实，不得有蜂窝、麻面、起皮和起砂现象。嵌缝密封材料的基层应干净、干燥。嵌缝密封材料与构件组成材料应彼此相容，密封材料嵌填后不得碰损和污染。

3. 预制梁节点现浇混凝土连接

预制梁节点间的现浇段部分钢筋通过梁节点两侧的钢筋接驳器接出，而后再与现浇梁预留钢筋搭接。当预制构件插筋影响现浇混凝土结构部分钢筋绑扎时，可采用在预制构件上预留内置式钢套筒的方式进行锚固连接。

现浇混凝土的强度等性能指标应满足设计要求。如设计方案无要求时，现浇混凝土的强度等级不应低于连接处预制构件混凝土强度等级的较大值。在混凝土浇筑前，应清除浮浆、松散骨料和污物，并采取湿润的技术措施。现浇混凝土连接处必须一次连续浇筑密实。

5.4 新型地下装配式结构实施效果

5.4.1 试验设计

为展现本工程装配式结构的实施效果,在地面进行了1:1模型的载荷试验。主要着眼于预制现浇整体梁和板构件的变形和受力性能。用于试验区的装配整体式结构采用横向一跨、纵向两跨的1:1结构模型。其中,柱子截面为800 mm×400 mm,主梁截面为1 100 mm×400 mm,次梁截面包括900 mm×350 mm 和800 mm×350 mm 两种形式,叠合板厚250 mm。模型如图5-54 和图5-55 所示。

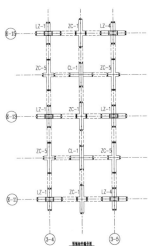

图5-54 试验区结构布置

图5-55 试验区结构

根据初步计算结果可知,预制梁底裂缝达到0.3 mm 时的理论加压荷载为42 kPa,对应的梁支座裂缝宽度为0.11 mm。基于这些计算结果确定本次试验的加载方案如下所述。

采用混凝土配重块(尺寸:2 m×1 m×1 m;每块重量:5 t)模拟结构的均布荷载。加载、卸载利用吊车等机械实现。加载过程分10级,依次为60 t,120 t,180 t,220 t,260 t,300 t,335 t,370 t,400 t,430 t,如图5-56 和表5-9所列。每级荷载加载完成后,持荷时间不得少于 15 min,并观测梁、板构件裂缝是否出现及发展情况(重点观察梁底面及侧面)。在试验过程中,如出现以下情况,应停止加载并终止试验:

(1) 梁的弯曲挠度达到 $[\alpha_s] = 15$ mm;

(2) 裂缝宽度到达 $[\omega_{max}] = 0.30$ mm;

(3) 结构的裂缝、变形急剧发展。

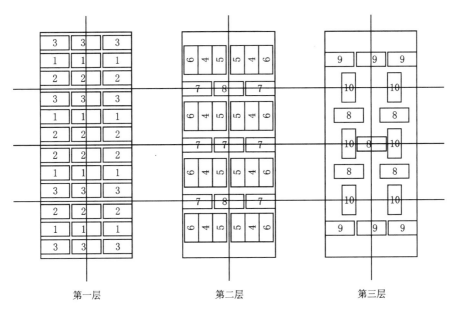

图 5-56　分级加载示意

表 5-9　加载和卸载分级

荷载等级		加载块数	累计加载块数	加载重量/t
加载	第 1 级	12	12	60
	第 2 级	12	24	120
	第 3 级	12	36	180
	第 4 级	8	44	220
	第 5 级	8	52	260
	第 6 级	8	60	300
	第 7 级	7	67	335
	第 8 级	7	74	370

（续表）

荷载等级		加载块数	累计加载块数	加载重量/t
加载	第9级	6	80	400
	第10级	6	86	430
卸载	第1级	17	69	345
	第2级	33	36	180
	第3级	36	0	0

注：① 配重块尺寸为 2 m×1 m×1 m；
　　② 配重块重量为 5 t/块。

卸载过程分 3 级，每级卸载量依次为 85 t，165 t，180 t，如表 5-9 所列。每级卸载后的观测时间间隔不得小于 30 min，测量并记录梁、板的残余变形、残余裂缝和最大裂缝宽度等参数。荷载全部卸载完毕后，结构恢复时间不少于 12 h，以检验结构的恢复性。

试验过程中观测项目主要包括主、次梁和板的挠度以及梁跨中及支座处的混凝土裂缝发展历程。其中，试验结构共设 24 个挠度观测点，采用如图 5-57 所示的布置形式。试验采用量程为 30 mm 的顶杆式位移传感器采集梁、板的变形数据。而裂缝观测主要包括开裂荷载、裂缝位置、裂缝宽度、裂缝长度和裂缝形态等。

图 5-57　挠度观测点布置

5.4.2　试验结果与分析

加载至第 2 级荷载时，边柱（3-4 轴/E-13 轴）右侧中部出现一条竖直裂缝，裂缝宽度为 0.038 mm，长度为 31.0 cm。

加载至第 3 级荷载时，边柱（3-4 轴/E-13 轴）左侧中部出现一条裂缝，宽度为 0.048 mm，长度为 41.0 cm。E-13 轴横向主梁跨中左侧底部出现一条裂缝，宽度为 0.068 mm，长度为 4.5 cm。

加载至第 5 级荷载时，3-4 轴纵向主梁的裂缝宽度未有明显增加，但裂缝长

度向下贯通到梁底部。角柱(3-4 轴/E-11 轴)左侧下部出现一条竖直裂缝,宽度
为 0.095 mm,长度为 18.7cm。E-13 轴横向主梁跨中左侧底部裂缝贯通梁底
面,裂缝宽度为 0.108 mm,长度为 60.3cm。

加载至第 8 级荷载时,3-4 轴纵向主梁裂缝宽度略有增加,最大裂缝宽度为
0.135 mm,最大裂缝长度为 56.5 cm。E-13 轴横向主梁侧面和底面均出现裂
缝,最大裂缝宽度为 0.149 mm。并且,侧面裂缝向上延伸,底面裂缝贯通。

加载至第 9 级荷载时,3-4 轴纵向主梁的裂缝宽度和长度基本不变,无新裂
缝产生。E-13 轴横向主梁跨中预制节点底部出现了第一条贯穿的结构性裂缝,
裂缝宽度为 0.041 mm。

加载至第 10 级荷载时,E-13 轴横向主梁跨中底部增加了几条微小裂缝,但
没有贯穿梁底,最大裂缝宽度为 0.149 mm。其他主梁跨中未见结构性裂缝。

根据上述裂缝发展历程不难看出,裂缝主要集中在 3-4 轴纵向主梁侧面、
E-13 轴横向主梁侧面和底面这几个区域。当加载至第 10 级荷载时,这些区域
的裂缝分布如图 5-58 所示。

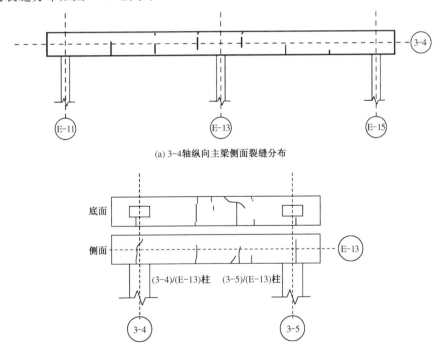

(a) 3-4 轴纵向主梁侧面裂缝分布

(b) E-13 轴横向主梁底面和侧面裂缝分布

图 5-58　第 10 级荷载下裂缝分布

加载至第 10 级荷载时分三个阶段卸载。三个阶段均发现所有裂缝都有明显收缩。卸载完成后,E-13 轴横向主梁底部裂缝最大宽度变为 0.081 mm。结合面裂缝最大宽度变为 0.122 mm。卸载 12 h 后,裂缝进一步收缩,所有主梁跨中底部结构性裂缝基本不可见,裂缝宽度小于 0.081 mm。

除上述裂缝发展历程外,根据挠度观测结果,可得观测点挠度值与荷载之间的关系。根据理论计算,10 级加载对应的观测点挠度值及最大裂缝值详见表 5-10 所列。而现场堆载试验测得的 10 级加载对应的观测点挠度值详见表 5-11 所列。对应测点的挠度对比结果显示:主、次梁的实际挠度实测值均小于设计值。

表 5-10　各级荷载下理论计算的挠度值

测点		荷载等级/t									
		60	120	180	220	260	300	335	370	400	430
梁挠度/mm	A	1.0	1.3	1.6	2.1	2.5	3.0	3.3	3.7	4.1	4.4
	B	1.8	2.6	4.0	4.9	5.8	6.8	7.6	8.4	9.1	9.8
	C	1.0	1.3	1.6	2.1	2.5	3.0	3.3	3.7	4.1	4.4
	D	2.3	3.6	4.8	5.7	6.5	7.4	8.1	8.9	9.5	10.1
	E	1.0	1.3	1.6	2.1	2.5	3.0	3.4	3.7	4.1	4.4
	F	1.9	2.6	4.0	5.0	5.9	6.9	7.7	8.5	9.2	9.9
	G	1.0	1.3	1.6	2.1	2.5	3.0	3.4	3.7	4.1	4.4
	H	0.7	0.9	1.2	1.4	1.7	2.0	2.3	2.6	2.8	3.0
	J	0.7	0.9	1.2	1.4	1.7	2.0	2.3	2.6	2.8	3.0
	K	0.8	1.3	2.0	2.4	2.9	3.4	3.8	4.2	4.5	4.9
	L	0.9	1.3	2.0	2.4	2.9	3.4	3.8	4.2	4.5	4.9
	M	1.1	1.8	2.4	2.8	3.2	3.7	4.0	4.4	4.7	5.0
	N	1.1	1.8	2.4	2.8	3.2	3.7	4.0	4.4	4.7	5.0
	P	0.5	0.6	0.8	1.0	1.2	1.5	1.7	1.8	2.0	2.2
	Q	0.9	1.3	2.0	2.5	2.9	3.4	3.8	4.2	4.6	4.9
	R	0.5	0.6	0.8	1.0	1.2	1.5	1.7	1.8	2.0	2.2
	S	0.4	0.7	1.0	1.2	1.4	1.6	1.8	2.0	2.1	2.3
	T	0.4	0.7	1.0	1.2	1.4	1.6	1.8	2.0	2.1	2.3
	U	0.5	0.6	0.8	1.0	1.2	1.5	1.7	1.8	2.0	2.2
	V	0.9	1.3	2.0	2.5	2.9	3.4	3.8	4.2	4.6	4.9
	W	0.3	0.4	0.6	0.7	0.8	1.0	1.1	1.3	1.4	1.5

表 5-11　各级荷载下实测挠度值

观测项		荷载等级/t									
		60	120	180	220	260	300	335	370	400	430
梁挠度/mm	A	0.3	0.5	0.9	1.3	1.7	2.2	2.8	3.5	4.1	4.8
	B	0.4	1.1	1.7	2.3	3.2	3.6	4.0	5.1	5.5	6.4
	C	0.3	0.6	1.0	1.4	1.9	2.4	3.3	4.1	4.7	5.4
	D	0.3	0.9	1.3	1.7	2.4	2.7	3.3	4.1	4.4	4.9
	E	0.3	0.6	0.9	1.1	1.6	2.1	2.5	3.1	3.4	3.9
	F	0.4	1.0	1.6	2.2	2.9	3.3	3.9	4.9	5.3	6.1
	G	0.3	0.6	0.9	1.1	1.4	1.8	2.2	2.6	2.9	3.4
	H	0.2	0.4	0.8	1.1	1.5	1.8	2.2	2.6	3.2	3.7
	J	0.1	0.2	0.5	0.6	1.0	1.0	1.2	1.5	1.8	2.1
	K	0.4	0.7	1.4	1.8	2.5	2.9	3.1	3.8	4.2	4.8
	L	0.4	0.9	1.4	1.9	2.7	3.0	3.7	4.6	5.0	5.7
	M	0.3	0.7	1.1	1.4	1.9	2.1	2.5	3.1	3.6	3.9
	N	0.3	0.7	1.0	1.3	1.8	2.0	2.6	3.2	3.4	3.9
	P	0.3	0.5	0.7	0.8	1.0	1.2	1.6	1.9	2.2	2.5
	Q	0.4	1.0	1.5	2.0	2.4	2.8	3.8	4.7	5.1	5.7
	R	0.3	0.5	0.7	0.8	1.0	1.2	1.5	1.9	2.2	2.7
	S	0.4	0.9	1.4	1.8	2.4	2.7	3.3	4.0	4.5	5.1
	T	0.4	0.9	1.4	1.9	2.4	2.8	3.4	4.1	4.5	5.2
	U	0.3	0.5	0.7	1.0	1.5	1.8	1.2	2.6	3.0	3.4
	V	0.4	0.8	1.3	1.8	2.4	2.8	3.4	4.2	4.7	5.3
	W	0.2	0.3	0.5	0.7	0.9	1.1	1.2	1.4	1.8	2.0

由表 5-11 中的数据可知,在最大试验荷载作用下,试验梁的最大挠度为跨度的 1/939,远小于《混凝土结构设计规范》(GB 50010—2010)和《混凝土结构试验方法标准》(GB 50152—2012)的规定。其中,D 点的挠度发展曲线如图 5-59 所示。可以看出:

(1) 曲线整体趋势接近直线,试验构件基本处于弹性工作状态;

(2) 实测值均小于设计值,表明预制构件的挠度能够满足设计要求。

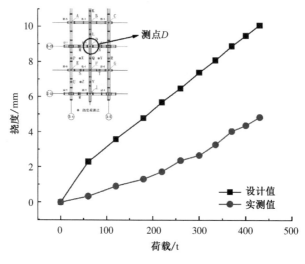

图 5-59　测点 *D* 荷载-挠度曲线

5.4.3　试验结论

根据对挠度数据和裂缝发展历程的分析,本次试验可以得到如下结论:

（1）本次载荷试验中未出现挠度超限、裂缝宽度超限和受压区混凝土开裂、破碎现象,因此试验结构承载力满足设计要求;

（2）在最大荷载作用下,主梁最大挠度为跨度的 1/939,远小于《混凝土结构设计规范》(GB 50010—2010)和《混凝土结构试验方法标准》(GB 50152—2012)规定的 1/250,表明主梁具有足够的刚度;

（3）"荷载-挠度"实测结果表明,试验构件基本处于弹性工作状态,结构具有较大的安全储备和良好的工作性能。

5.5　本章小结

装配式结构能够有效地缩短施工周期、保持场地整洁、降低噪声影响。本章针对上海白龙港污水处理厂提标工程中的新型地下装配式结构建造技术展开论述。首先,介绍了装配式结构的总体设计方案,以及预制节点、预制柱和预制楼板等主要预制构件的设计细节。其次,详细阐述了预制构件的运输、堆放、吊装、灌浆等关键施工步骤,形成了一套完整的地下装配式混凝土结构高效施工方法。再次,对施工过程中的质量控制要点进行了简要的介绍。最后,通过 1∶1 模型的载荷试验对地下装配式结构的实施效果进行了验证。结果表明:试验结构的承载力和主梁最大挠度均满足规范要求,结构具有较大的安全储备和良好的工作性能。

第 6 章

工程建设信息化管理技术

6.1 概述

6.1.1 工程管理面临的机遇与挑战

随着现代化建设进程的加速,我国也开始出现了许多发达国家共有的问题:生育率降低、人口增长放缓、社会老龄化严重等。国家统计局数据显示,我国人口增长率在1987年达到最高峰后开始逐渐下降,在1998年首度低于10‰,而2018年的人口增长率甚至低至3.8‰。人口老龄化问题日益严重,老人抚养比逐年上升,意味着劳动年龄人口的比重正在下滑。从近年的建筑业从业人员结构上也能够看出我国的人口问题:建筑业从业人员数量增幅逐年下降(图6-1),工程项目面临建筑工人年龄大、年轻劳动力流失、管理人员紧缺等难题。建筑业是国民经济的支柱产业,也是劳动密集型产业,劳动年龄人口的减少将对建筑业产生巨大冲击,也将深刻影响国家经济发展。

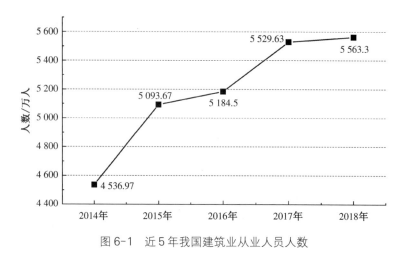

图6-1 近5年我国建筑业从业人员人数

除了人口老龄化外,建筑行业的工程项目地域分布广,建造地点并非固定在某个生产车间内,这也给建筑产品生产管理和整体质量控制带来了很多难题。受限于人员数量和时间成本,建筑公司的业务范围一般较为有限。当本地的业务逐渐饱和之后,市场竞争机制迫使建筑公司向其他地区扩展业务,跨地区、跨国的工程业务日益增长。在市场的驱动和国家政策的助推下,我国建筑行业的业务已开始向全球各地发展。建筑企业在对外承包业务时,面临着工程项目数量多、地域分布广、信息交换障碍等挑战,给工程项目的全面管理造成阻碍。

此外,建筑技术的飞速发展催生了建筑领域的诸多奇迹。摩天大楼和大型基础设施等超级工程争相崛起,建筑业的世界纪录正在不断刷新,朝着更高、更大、更精美复杂的方向发展。然而,大型工程往往难度较高,参与单位多、信息量庞大、工程质量和环境保护要求高。传统工程管理方式在处理大型工程项目时,往往表现出效率低下、错误率高、协调性差、资金浪费等问题,一定程度上制约了建筑工程的发展。

面对上述问题和挑战,工程管理却存在着一些发展机遇。首先,劳动人口的减少迫使建筑业向工业化和信息化转型。一方面,建筑业开始逐渐利用工业化的生产方式,提高其自动化程度,减少项目现场的劳动人员数量。另一方面,工程管理也开始走向信息化和智慧化,通过建立信息化管理平台使工程管理更加清晰便捷。工程项目即使在管理人员较少的情况下也能有条不紊地顺利推进。

其次,得益于信息技术的飞速发展,远距离通信和项目现场的远程管理变得更为便捷。工程管理人员能够通过信息化平台对远在外地的项目进行查看和监管,及时发现问题、解决问题,保障了工程项目的安全和管理时效。同时,工程的信息化管理平台能够整合和协调各专业的施工流程,通过多维度的信息集成和动态调整,打破不同专业、不同地区管理人员之间的交流障碍和信息壁垒,避免信息孤岛的产生,进而大幅提升工程管理的效率和精确度,保障工程的质量和工期。

最后,超级工程的顺利推进也仰赖于信息化技术在工程管理界的推广运用。通过应用建筑信息模型(Building Information Modeling,BIM)技术,形成了集成工程总包、设计、监理和业主等多方单位的全过程精细化管理模式。通过 BIM 精细化管理平台的建立,能够实现建筑设计阶段的复杂形体设计、管线综合排布、碰撞检测等。投资和采购阶段能够帮助材料统计和招投标管理。建造阶段可辅助施工方案的探讨、4D 施工模拟和施工现场监控等。运营阶段能够进行设备信息的围护和空间使用变更等,能够有序和高效地应对大型工程庞大的信息量和复杂的管理架构,提升管理效率。

美国斯坦福大学 CIFE 中心总结了美国 32 个项目应用 BIM 技术后的效果，认为 BIM 技术的应用能够消除 40% 的投资预算外变更，造价估算耗费时间缩短 80%，合同价格降低 10%，项目工期平均缩短 7%。信息技术为工程发展提供了更为广阔的发展空间，为超级工程的建设提供了更多可能。

6.1.2　工程信息化管理技术现状

6.1.2.1　三维（3D）可视化

传统的设计方式由于受到计算机技术落后、工程设计方案的数字化表达方式不足等因素限制，设计人员一般将 3D 的物理世界采用 2D 平面的表达方式反应在设计图纸中。施工人员再将 2D 图纸（在脑海中）转换为 3D 实体工程进行施工。因此，在两次的转换过程中，信息出现错误的概率较高。所以，BIM 的重要理念之一就是去掉 2D 与 3D 之间的两次转换过程，直接进行工程的 3D 设计和 3D 施工。由此保证了设计人员和施工人员信息的一致性，大大降低了工程错误发生的概率。

6.1.2.2　协同化作业和数据共享

无论对于工程设计、施工、运行管理等不同阶段，对于同一个工程来说，各专业的工作内容要求其各司其职、相互配合、相互联系。传统的工作方式在协同化作业方面较为困难，多数情况是耗费了大量的沟通成本，但效果效率相对较低。而采用 BIM 的工作方式，由于各专业均使用同一平台、针对同一方案、采用同一数据参数，协同性可以得到有效保证，工作效果和效率也会得到有效的提升。

6.1.2.3　全生命周期和数据继承

BIM 强调对工程的全生命周期管理，为工程建立一套数字化档案，其核心价值在于工程的信息数据。在工程的不同阶段，信息数据不断得到补充、修正、完善，直至工程拆除。信息数据尤其注重继承性，即在工程设计阶段，设计人员确定工程设计方案的完整信息数据。工程施工阶段，施工人员在使用设计参数信息的基础上，保存施工过程中的参数数据。工程运行维护阶段，运维人员在使用设计参数数据和施工参数数据的同时，录入工程运维信息数据，直至工程设计运行周期结束，从而达到对工程全生命周期管理的目的。

项目建设全生命周期主要分为设计阶段、施工阶段和运维阶段,当前,各阶段 BIM 应用的基本情况及其典型应用分别为以下三个阶段。

1. 设计阶段

BIM 在设计阶段的应用主要是通过三维设计软件(如 Revit、Bently、Catia 等)对工程进行三维模型设计及参数数据确定。同时,采用工艺、结构、机电分析软件等进行辅助设计,进行碰撞检测、荷载计算、造价分析等,最终确定满足要求的工程设计方案。

2. 施工阶段

BIM 在施工阶段的应用主要是开发项目施工协同管理平台,对工程施工进行有效的指导和管理。由于缺少相应的标准和规范,且不同单位对 BIM 施工应用的需求不尽相同,当前 BIM 在此阶段的应用较为混乱。典型应用包括三维设计方案展示、三维化信息管理、虚拟建造、进度管理、工程建设成本控制、施工质量管理、施工工艺三维动态展示等。

3. 运维阶段

BIM 在运维阶段的应用主要是开发项目运维协同管理平台,满足工程运行过程中的业务管理要求。在建筑、电力等行业中,BIM 运维虽然在少数工程中得到了一定的应用,但仍处于起步探索阶段,尚未得到系统化、全面的应用。典型应用包括三维数字化工程、三维数字化监控、设备维护和运行预警三维信息管理、三维仿真培训、三维可视化应急演练等。

6.1.3 上海白龙港污水处理厂提标工程信息化管理需求

上海白龙港污水处理厂提标工程为地下二层的污水处理厂构筑物建设,由一座地下污水处理设施地下二层建筑及进出通道组成。工程具有地质条件复杂、地下工程体量大、质量标准要求严格、软土地基施工难度较高、地下结构构件尺寸大、环境变形敏感、施工时间紧张、分包穿插内容多、总承包管理要求高等特点,这些特点对工程的设计、施工和管理都提出了极大的挑战。为提高工程项目整体的设计、管理和运营效率,需要建立工程信息化管理平台。

首先,在专业配合方面,地下污水处理厂的建设涉及的专业面广,包括市政、结构、地下工程、环境、能源、给排水等,各专业设计内容频繁交叠、衔接。需要通过 BIM 技术建立多专业融合的设计平台,以打破工程建设各阶段、各专业和各主体之间的信息壁垒,使项目建设和运营的全过程更加系统科学。

其次,在管线检测方面,受空间的限制,地下污水处理厂的各类管线分布密集。有毒、有害和污染物质需要得到安全的处理和排放,以免危害工作人员的健康或造成环境污染。因此,项目设计和策划过程中需要依赖 BIM 技术在有限的地下空间内优化各类管线的排布,合理布局地下空间,保障地下污水处理厂的运营安全,并方便后期的管线安装、检测和维修。同时,项目策划和设计阶段中还需要利用 BIM 技术帮助模拟污水处理全过程,在达成污水处理厂基本功能的基础上,对污水处理厂的地下结构、空间布局和配套设施进行优化,保证完善的建筑功能。

再次,在结构方面,地下污水处理厂的结构较为复杂。本工程的基础部分包含高密度的低挤土劲性复合桩和无内支撑的深基坑双排桩围护体系,地下结构包含超大超长的混凝土底板和污水处理池池壁,以及在国内具有开创性的地下预制装配式结构。结构深化设计难度大、要求高,需要利用 BIM 技术进行 3D 深化设计和施工过程模拟。配合施工技术对结构设计方案进行优化和调整,保证污水处理厂地下复杂结构的施工质量和施工进度。

基于上诉需求,本工程以 BIM 技术为基础建立了信息化管理平台,涵盖了项目所涉所有专业的工程信息,并设置时间轴模拟项目建造的全过程。同时,开设 BIM 设计方案管理、工程模拟建造及信息管理、质量管理、进度管理及预警、安全管理、文档管理等模块,实现工程的无纸化云平台管理模式。

6.2　工程全过程信息化管理平台简介

6.2.1　信息化管理平台架构

本工程的信息化管理平台(X-BIM)采用 B/S 和 C/S 相结合的技术架构方式进行设计,包括前台服务端、后台管理端、云服务器端三部分。平台支持主流的设备和软硬件,兼容多种浏览器,对外部系统提供多种开放式技术标准和预留技术接口,以便更好地拓展平台功能。同时,系统具有开放、易操作、界面简洁友好、数据传输方便、平台运行稳定等特点。

平台提供标准化数据接口,业主端 BIM 集成管理平台与各施工单位的 BIM 施工管理平台进行数据信息对接。平台内所有 BIM 模型以及施工信息数据由各施工单位的 BIM 施工平台录入及更新。施工数据信息录入后，可在业主端 BIM 系统中直接展示呈现。信息化管理平台的基本功能和数据库架构分别如图 6-2 和图 6-3 所示。系统三维设计模型及信息数据的录入和处理流程分别如图 6-4 和图 6-5 所示。

图 6-2　系统基本功能构架

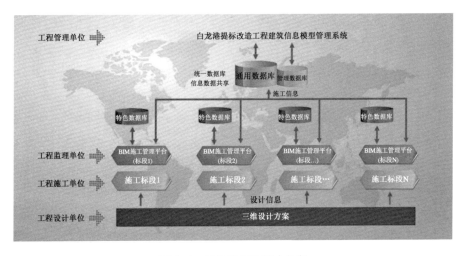

图 6-3　系统数据库基本构架

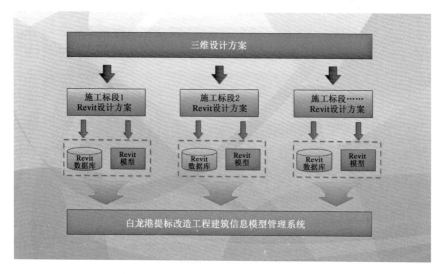

图 6-4　系统三维设计模型及信息数据录入流程

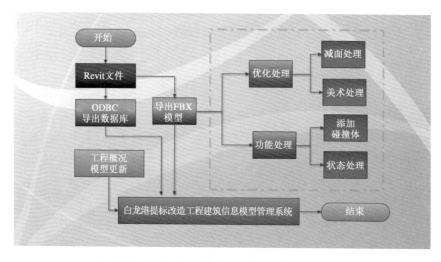

图 6-5　系统三维设计模型及信息数据处理流程

6.2.2　信息化管理平台主要功能

本工程搭建的 X-BIM 信息化管理平台主要包含用户登录、建设信息管理、土建建设管理、设备建设管理、专项方案管理等功能。其中,土建建设管理内容较多,主要包括工程概况、工程漫游与信息展示、工程模拟建造及信息管理、质量缺陷管理、进度管理及预警、危险源预控管理、安全风险点管理、视频监控、施工过程档案管理、过程文档汇总等方面。

6.2.2.1 用户登录模块

用户登录模块提供了用户和平台的接口。平台管理人员可针对不同用户设定权限。用户登录平台后,按照各自的权限使用平台各种功能。

6.2.2.2 建设信息管理

建设信息管理模块实现了工程管理信息化的目的,避免出现信息不对称问题,提高了项目决策的科学性和时效性。该模块主要包含工程信息、工程动态、现场图集、新闻资讯、党建廉建、安全知识、通知公告等内容,如图 6-6 所示。

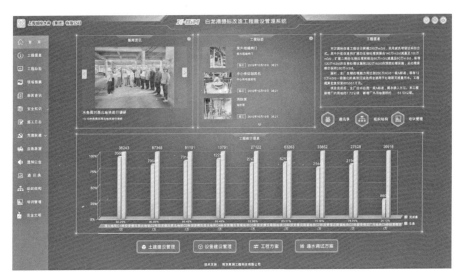

图 6-6　上海白龙港污水处理厂提标工程建设管理系统

6.2.2.3 土建建设管理

本模块是平台核心模块之一,主要实现如下功能:

(1)通过可视化的三维模型,准确、直观地表达出施工场地布置的美化效果和功能合理性,如图 6-7 所示。

(2)协同业主、设计、监理、施工等多方单位,将现场实际问题反应至管理平台,在线上平台即可解决问题并落实到实际施工中,如图 6-8 所示。

图 6-7 土建建设管理主要功能

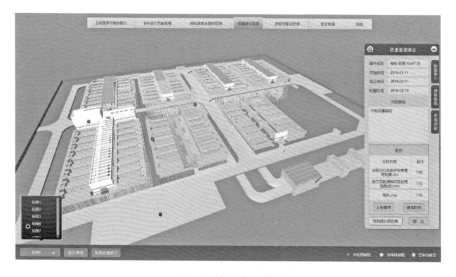

图 6-8 协同多方管理

（3）将文档资料集中管理，实现施工资料无纸化，加快检索速度，提高文档管理效率，如图 6-9 所示。

图 6-9　文档资料集中管理

（4）通过 BIM 技术进行现场施工模拟，合理制订施工进度计划，及时发现并有效解决构筑物在实际使用中产生的问题。

（5）通过计划进度与实际进度共同模拟，两方对比直接展现工程进度情况，如图 6-10 所示。

（6）4D 施工模拟能够为项目技术创新提供更有效的依据，针对本工程所采用的预制装配式施工技术，通过 4D 施工模拟能够合理安排预制装配整体式构筑物施工工序及时间节点，如图 6-11 所示。

（7）基于 BIM 模型，结合平面、高程测量，通过 GPS 复核、光电测距等技术精准控制项目实际三维坐标，如图 6-12 所示。

6.2.2.4　设备建设管理

从营运管理需求出发，同时考虑项目管理者、系统维护者、决策者等权责与角色，与设备管理作业结合，以数字化管理流程，辅助现场作业，供各权责单位在统一的 BIM 模型中读取各种营运管理数据，使设备维护管理作业更完善，提高设备管理的质量。设备建设管理平台的主要功能如下：

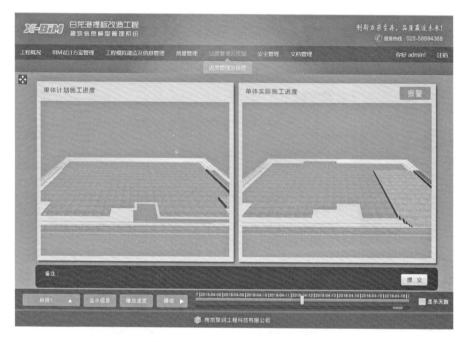

图 6-10　BIM 施工进度计划展示

图 6-11　4D 施工模拟

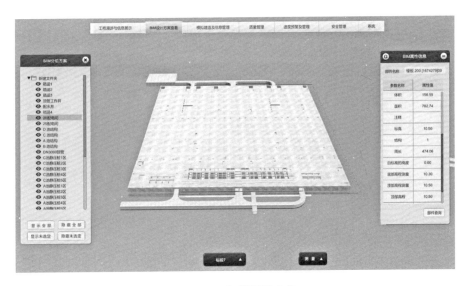

图 6-12　智能测量定位

（1）设备展示：在设备管理平台上建立与设备外观相符或相似的设备模型，可协助维护工程师或设备厂商通过检视模型快速辨识设备。

（2）设备定位：在设备管理平台上通过模型可明确掌握任意空间中各项设备的位置，以便于执行维护作业，如图 6-13 所示。

图 6-13　功能化设备定位

（3）设备信息查询添加：通过对设备精确模型拆分、复位、透明显示等功能查看设备内部详细情况，方便随时掌握设备详细信息，如图 6-14 所示。

图 6-14　信息化设备信息录入

（4）设备二维码制作：支持设备及属性信息生成二维码，方便各单位人员信息交互，提高施工效率，如图 6-15 所示。

图 6-15　设备二维码制作

6.2.2.5　专项方案管理

平台可为本工程的特殊结构和施工过程制订专项方案。同时，可视化的模型展示效果能够让施工各参与方了解施工过程，辅助施工管理人员制订出合理的施工方案和施工进度计划，提高施工效率，节约施工成本，如图 6-16 所示。

图 6-16　工程管理专项方案平台

6.2.3　信息化管理平台的软件选择

本工程的信息化管理平台在创建过程中使用了 Autodesk Revit 建模软件、3D-MAX 模型处理软件、Adobe Photoshop 图片处理软件、C♯后台开发语言、Unity3D 三维虚拟开发引擎和 SQL 数据库等软件。这些软件在信息化管理平台搭建中所起的作用如表 6-1 所列。

表 6-1　信息化管理平台所用软件及作用

软件	作用
Autodesk Revit	创建 BIM 模型
Adobe Photoshop	进行项目中相关图片的编辑工作,提高动画界面的美观性和友好性
Autodesk 3ds Max	对原模型进行必要的材质、贴图、模型细分、灯光调整等处理工作
Unity3D	参数化三维建模
SQL Server 2008	管理项目设计的所有数据

6.2.4　信息化管理平台的硬件配套

硬件平台是支撑应用系统运行的核心基础设施,主要包括高性能服务器、高容量存储设备和其他相关软硬件设备。其中,高性能服务器用于提供快速、可靠的计算,高容量存储设备用于容纳存储相关数据。硬件平台性能的好坏将直接影响应用系统的运行效果。

平台服务器采用"高速多核CPU+使用支持热插拔驱动的大容量磁盘+SIMM的高性能ECC内存"的基本架构。此外,为了更好地配合平台,选用了"BIM工作站+360全景相机(图6-17)+VR设备"的配套设备,这些设备作为平台的延伸辅助端口能够帮助管理者更好地管理现场,实现精细化管理。

图6-17　360全景相机拍摄照片

6.3　工程全过程信息化管理平台实施效果

6.3.1　工程前期策划

在前期施工策划阶段利用BIM软件建立各施工阶段不同场地布置模型,合理布置施工设施、设备,划分工作区域,保证施工需求。首先,建立公司级的标准化族库,如图6-18所示。其次,采用标准化族库里面的内容,对施工场地的大门、通道和附属设施建立模型,如图6-19—图6-22所示。这些模型可为各阶段的具体施工过程提供指导。

序号	族名称	图例	序号	族名称	图例
1	电箱		4	钢筋棚	
2	安全通道		5	危险品仓库	
3	茶水亭		6	标准化电梯棚	

图 6-18　BIM 标准化族库建立

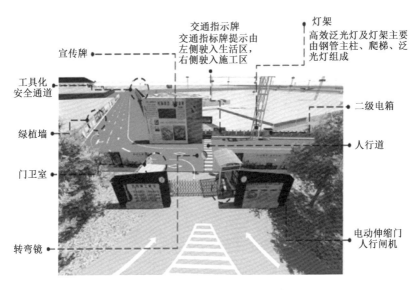

图 6-19　BIM 工程主门头设计

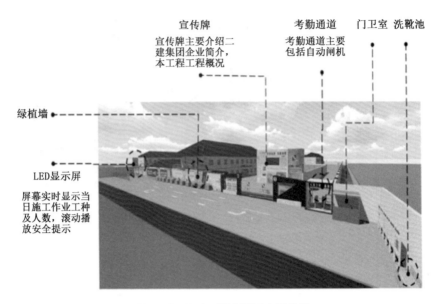

图 6-20　BIM 工程生活区大门设计

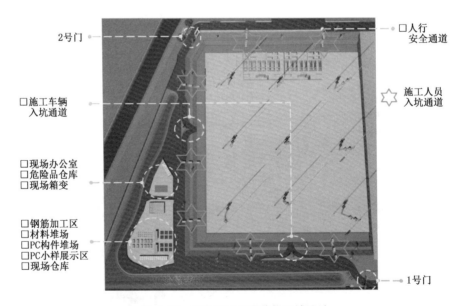

图 6-21　BIM 场区主要功能区域设计

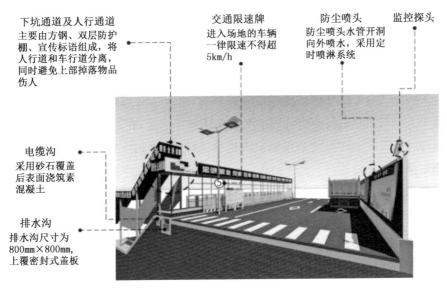

下坑通道及人行通道
主要由方钢、双层防护
棚、宣传标语组成，将
人行道和车行道分离，
同时避免上部掉落物品
伤人

交通限速牌
进入场地的车辆
一律限速不得超
5km/h

防尘喷头
防尘喷头水管开洞
向外喷水，采用定
时喷淋系统

监控探头

电缆沟
采用砂石覆盖
后表面浇筑素
混凝土

排水沟
排水沟尺寸为
800mm×800mm，
上覆密封式盖板

图 6-22　BIM 定型化下基坑通道设计

6.3.2　施工全过程信息化管理

6.3.2.1　质量管理

市政污水处理工程存在施工体量大、复杂构件多等特点，会导致施工阶段的质量管理始终无法精准表达出具体存在的问题。白龙港 BIM 信息平台的质量管理功能细化为质量缺陷管理和质量检查两个方面，通过可视化模型详细体现出各构件质量信息。建设单位、监理单位、施工单位三方管理人员对现场质量问题能够落实到相应的构件位置，及时采取措施解决质量问题，做到了高效化质量管控。

通常施工中存在的质量问题往往是以书面形式完成的，对于质量受损程度仅仅依靠文字与图片的表达，无法直观地展现出质量问题的具体位置。BIM 信息平台则可以通过质量缺陷录入功能，将多方检查出的现场问题以三维模型的方式具象化，为现场质量问题解决提供了更有效的依据，同时，减少了各参建单位书面发文滞后所带来不必要的时间成本。当施工现场的质量问题得到解决时，在缺陷点提供质量合格依据，并由监理单位审核落实完毕，则缺陷会变成绿色的质量合格点。

BIM 信息平台支持的质量检查功能主要是针对施工现场的质量验收情况表述，包括隐蔽工程验收、模板工程验收、混凝土工程验收，提供相关的检验批施工质量验收记录至平台进行审阅,为施工阶段的质量管控提供了重要依据,具有可追溯性。

6.3.2.2 安全管理

为确保项目安全管理措施能够落实到位,可在危险源预控与安全风险点管理两个方面对工程进行安全管理。结合现场施工进度,在基于 BIM 的信息平台上对即将施工的部位提前采用标记点进行关联,并将相应安全管理措施上传达到施工预警及风险管理。

地下污水处理工程施工过程中的危险源尤为复杂,难以管控,复杂的水沟、狭小的地下空间等结构可能使管理者忽略一些不可见的危险源,从而导致施工过程出现安全问题。

针对潜在的危险源统筹管控现场所有的安全问题,有效解决污水处理工程主体结构建筑面积较大、洞口较多造成的安全隐患。通过录入、消除信息上传以及监控人员审核后确保安全风险点处于可控范围。同时考虑到作业人员的安全教育以及施工机械的安全操作规范,采用上传施工单位工人安全教育及交底、相关机械合格证明等资料,确保施工安全。

6.3.2.3 进度管理

工程形象进度是体现施工过程在一定的时间节点上达到的完成工程量和总进度。BIM 技术能够将以往文字或表格数据形式转换成可视化的 3D 模型,通过加入时间参数对施工进度进行 4D 施工模拟。同时,BIM 信息平台可同时模拟计划进度与实际进度,并通过对比展现工程计划进度提前或滞后情况,如图 6-23 所示。

图 6-23 4D 施工模拟进度计划对比

6.3.2.4 资料管理

随着建筑工程资料管理的需求提高,文档资料纷繁复杂、分类不清晰、整理不及时等一系列的问题逐渐暴露。BIM 技术极大地优化了资料管理的时效性及有效性,工程档案电子化管理规范了项目工作的管理制度。基于 BIM 与互联网云计算技术支持,将资料进行分门别类的整合,对信息进行完整的保存。施工阶段不断开展,由资料人员得到完成一项资料后及时上传 BIM 信息平台,依此保证资料的时效性。

6.3.3 低挤土劲性复合桩施工优化与管理

本工程地下污水处理设施区域采用劲性复合桩。劲性复合桩是现有常规桩型优化改造后的一种先进工艺,可充分发挥地基土与桩材的复合作用。该工艺按设计桩径要求,边注浆边搅拌成水泥土搅拌桩,在搅拌后的水泥土未初凝前植入预应力混凝土管桩,构成劲性复合桩。

本工程桩基为上海地区首次大规模采用劲性复合桩,共计 12 355 根,桩间距为 2.3～2.5 m。桩基密度大,容易产生较大的挤土效应,合理的施工流程部署非常重要。为此,基于平台提供的功能,通过动画模拟了桩基施工工况(图 6-24),为技术员优化桩基场布及施工流程提供极大帮助,从而提升施工质量及缩短施工工期。

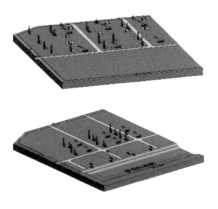

图 6-24 劲性复合桩模型

6.3.4 大规模深基坑无内支撑开挖施工优化与管理

本工程基坑占地面积约 70 529.18 m²，基坑深达 15.8 m，施工难度大、工艺复杂。为防止土方开挖阶段，施工车辆对所行驶区域的基坑围护结构变形产生较大影响，采用斜抛撑的形式对基坑进行加固。针对这种情况，通过 BIM 模拟建造并模拟了超大基坑施工工况，合理规划了施工车辆行车路线，尽可能避免因基坑开挖出现道路拥堵状况。

为开展土石方的挖运分析与运算，在基坑开挖过程中，运用 BIM 模拟了土石方的开挖和回填（图 6-25），可以做到土方平衡计算的精确化与精细化，对项目成本控制发挥了重要作用。

图 6-25　区域土方量混凝土量统计

由于本工程基坑占地面积大，基坑深度深，需要开挖的土方量巨大。经测算，土方量约为 50 万 m³。根据工期安排，每天要开挖 1 万 m³ 的土，每小时有 45 车次进出现场。此外，本工程早期涉及多个区域交叉施工，施工场地及施工道路问题突出。为此，利用 BIM 模拟了场地布置及交通组织规划，合理、高效利用了现有场地，确保了施工现场有序生产，如图 6-26 所示。

6.3.5 超大超长混凝土结构施工优化与管理

大体积混凝土在浇筑过程中会在水泥水化热的作用下产生内部应力并开裂。为了有效控制裂缝，本项目在 A7 二沉池区域底板的混凝土浇筑过程中采用了跳仓法施工，即把整体结构按施工缝分段，隔一段浇一段，经过不少于 7 d 时间再填浇成整体。为此，利用 BIM 技术建立了完整的基础底板模型，按设计要求对底板进行划分，模拟了跳仓法混凝土浇筑顺序，如图 6-27 所示。在此基础上，做出施工缝节点模型，进行三维可视化技术交底。

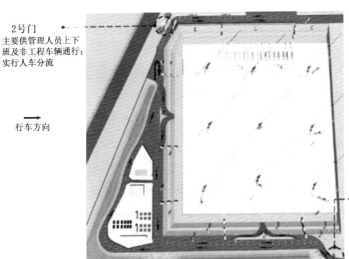

2号门
主要供管理人员上下班及非工程车辆通行；实行人车分流

行车方向

1号门
主要用于施工工程车辆进出；设有两道洗车槽及人工冲洗设备

图 6-26　多区域交叉施工路况模拟

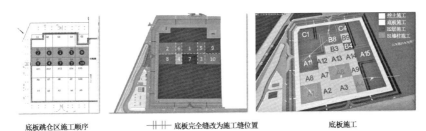

底板跳仓区施工顺序　　　├┼┼┤底板完全缝改为施工缝位置　　　底板施工

图 6-27　工程施工区域划分

在实际混凝土浇筑过程中，通过"互联网＋"的方法实现混凝土温度的实时监控。为确定温度监控点的最佳位置，基于 BIM 技术的可视化特性，在模型中模拟布置温度测控点，找出最佳温度测控点位，提取测控点坐标，指导温度测控点实际施工安装，如图 6-28 所示。

混凝土温度检测平台

图 6-28　混凝土测温系统

6.3.6 大规模地下装配式结构施工优化与管理

根据设计图纸,本工程的生物反应池区域(A6 区)和二沉池区域(A7 区)顶层板采用预制装配式结构。为了指导这些预制构件的施工,通过信息化管理平台在如下环节进行了优化和管理。

6.3.6.1 图纸深化设计

基于 BIM 的施工图设计对各专业 BIM 模型进行优化,对其进行集成、协调、修订,最终在此 BIM 模型的基础上得到各专业详细施工图纸以满足施工及工程管理的需要,如图 6-29 所示。图 6-30 为 BIM 十字梁钢筋节点经深化后的爆炸图。

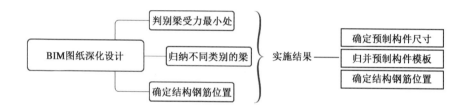

图 6-29 深化流程

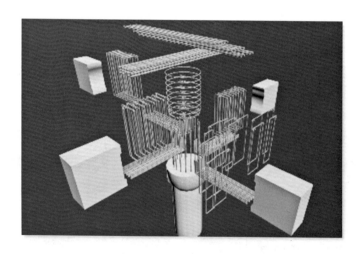

图 6-30 BIM 十字梁钢筋节点爆炸

6.3.6.2 套筒和钢筋优化

基于 BIM 技术建立三维模型,在三维空间展现复杂钢筋节点和套筒。由此实现三维技术交底,使施工人员能够清晰地理解细部做法,减少由于对图纸的理解差异而出现的安装失误。图 6-31 给出了一个 BIM 十字梁螺纹盲孔的案例。

此外,利用 BIM 技术探究复杂节点密集钢筋安装的"逆作"流程,实现了钢筋安装顺序的优化,解决了由于安装操作空间狭窄导致的安装施工不便的难题,保证了施工精度,提高了施工质量。

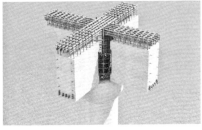

螺纹盲孔

图 6-31　BIM 十字梁螺纹盲孔

6.3.6.3 工具化模板支架优化

采用 BIM 技术应用于模板工程的优化管理可以有效解决模板工程中的难题,达到设计优化、精准下料、控制成本、安全高效等效果。图 6-32 为模板支架中铝模盘扣支撑体系的三维模型图。

铝模盘扣支模体系

图 6-32　BIM 铝模盘扣支撑体系

6.3.6.4 施工方案论证

本工程利用 BIM 技术进行方案论证,从技术特点、时间性、质量效果、经济性等因素出发进行对比分析,找出不同方案的优缺点,迅速评估方案的成本和时间,如图 6-33 所示。

6.3.6.5 Navisworks 模型吊装模拟

本工程预制构件的吊装按照整体推进式的顺序进行。利用 BIM 技术模拟预制构件吊装的施工流程(图 6-34),可减少吊装中的误差,提高吊装的精确性和安全性,从而提高效率,减少成本。

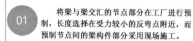

方案一：
预制梁节点+套筒灌浆

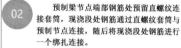

方案二：
预制梁节点+直螺纹套筒

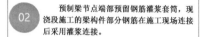

01 将梁与梁交汇的节点部分在工厂进行预制，长度选择在受力较小的反弯点附近，而预制节点间的梁构件部分采用现场施工。

01 将梁与梁交汇的节点部分在工厂进行预制，长度选择在受力较小的反弯点附近，而预制节点间的梁构件部分采用现场施工。

02 预制梁节点端部预留钢筋灌浆套筒，现浇段施工的梁构件部分钢筋在施工现场连接后采用灌浆连接。

02 预制梁节点端部钢筋处预留直螺纹连接套筒，现浇段处钢筋通过直螺纹套筒与预制节点连接，随后将现浇段处钢筋进行一个绑扎连接。

图 6-33 十字梁设计方案比选

垫层施工/筏板基础、基础连梁、
独立基础施工/结构柱施工

预制节点及钢模板脚手架支撑搭设

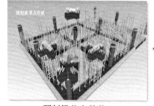

预制梁节点吊装

预制板下脚手架支撑搭设/
安装钢模板/预制板吊装

结构板混凝土浇筑

图 6-34 十字梁小样区 Navisworks 施工建造吊装模拟

6.3.6.6 BIM 技术模拟新工艺

对于本工程中涉及的新工艺，通过 3D-MAX 制作教学动画供工人学习。例如，针对本工程采用的预制装配式施工技术，通过施工模拟动画，合理安排预制装配整体式构筑物施工工序及时间节点，如图 6-35 所示。

图 6-35 十字梁小样区 3D-MAX 教学动画

6.3.6.7 进出场控制

预制构件进出场利用 BIM 模拟场地布置及交通组织规划,合理、高效利用现有场地,确保施工现场有序生产,如图 6-36 所示。

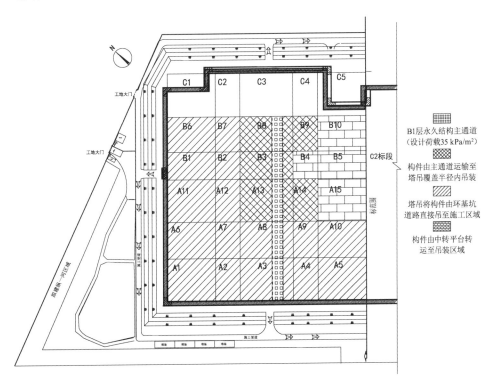

图 6-36 预制构件生产、堆放、吊装区域整合

6.3.6.8 二维码交底

利用二维码技术,对施工全过程方案、方案交底、人员资料、设备机械等进行

挂接,方便各单位、各人员信息交互,极大地提高施工效率。

6.4　本章小结

地下污水处理厂结构复杂、涉及的专业面广、各类管线分布密集,需要利用BIM技术保证污水处理厂地下复杂结构的施工质量和施工进度。为此,针对上海白龙港污水处理厂提标工程的特点,以BIM技术为基础建立了信息化管理平台。本章对平台的架构、主要功能、软件选择、硬件配套等进行了简要的介绍。信息化管理平台在低挤土劲性复合桩、大规模深基坑无内支撑开挖、超长混凝土水池抗裂控制和大规模地下装配式结构施工方面发挥了巨大的作用,为工程的顺利开展提供了坚实的保障。

参 考 文 献

［1］史佩栋.桩基工程手册［M］.北京：人民交通出版社,2008.

［2］董平.砼芯水泥土搅拌桩荷载传递机理研究［D］.广州：中国科学院研究生院（广州地球化学研究所）,2004.

［3］吴迈.砼芯水泥土桩单桩竖向承载性状研究与可靠度分析［D］.天津：天津大学,2008.

［4］VOOTTIPRUEX P, SUKSAWAT T, BERGADO D T, et al. Numerical simulations and parametric study of SDCM and DCM piles under full scale axial and lateral loads［J］. Computers and Geotechnics, 2011, 38(3)：318-329.

［5］WONGLERT A, JONGPRADIST P. Impact of reinforced core on performance and failure behavior of stiffened deep cement mixing piles［J］. Computers and Geotechnics, 2015, 69：93-104.

［6］李立业.劲性复合桩承载特性研究［D］.南京：东南大学,2016.

［7］刘汉龙,任连伟,等.高喷插芯组合桩荷载传递机制足尺模型试验研究［J］.岩土力学,2010, 31(5)：1395-1401.

［8］周佳锦.静钻根植竹节桩承载及沉降性能试验研究与有限元模拟［D］.杭州：浙江大学,2016.

［9］郑刚,陈红庆,雷扬,等.基坑开挖反压土作用机制及其简化分析方法研究［J］.岩土力学,2007, 28(6)：1161-1166.

［10］龚剑,王旭军,赵锡宏.深大基坑首层盆式开挖对基坑变形影响分析［J］.岩土力学,2013, 34(2)：439-448.

［11］刘国彬,王卫东.基坑工程手册［M］.北京：中国建筑工业出版社,2009.

［12］聂东清.基坑梯级支护相互作用机理及稳定性研究［D］.天津：天津大学,2017.

［13］郑刚,郭一斌,聂东清,等.大面积基坑多级支护理论与工程应用实践［J］.岩土力学,2014, 35(S2)：290-298.

［14］SEO M, IM J, KIM C, et al. Study on the applicability of a retaining wall using batter piles in clay［J］. Canadian Geotechnical Journal, 2016, 53(8)：1195-1212.

［15］郑刚,何晓佩,周海祚,等.基坑斜-直交替支护桩工作机理分析［J］.岩土工程学报,2019,41(S1)：97-100.

［16］PARK JONG-SIK, JOO YONG-SUN, KIM NAK-KYUNG. New earth retention system with prestressed wales in an urban excavation［J］. Journal of geotechnical and geoenvironmental engineering, 2009. 135(11)：1596-1604.

［17］OU C Y, LIN Y L, HSIEH P G. Case record of an excavation with cross walls and buttress walls［J］. Journal of GeoEngineering, 2006，1(2)：79-86.

［18］何颐华,杨斌,金宝森,等.双排护坡桩试验与计算的研究［J］.建筑结构学报,1996,2：58-66,29.

［19］黄强.深基坑支护工程设计技术［M］.北京：中国建材工业出版社,1995.

［20］刘钊.双排支护桩结构的分析及试验研究［J］.岩土工程学报,1992,5：76-80.

［21］郑刚,李欣,刘畅,等.考虑桩土相互作用的双排桩分析［J］.建筑结构学报,2004，1：99-106.

［22］吴刚,白冰,聂庆科.深基坑双排桩支护结构设计计算方法研究［J］.岩土力学,2008,10：2753-2758.

［23］曾广群.深基坑双排桩支护结构的设计与研究［D］.西安：西安建筑科技大学,2005.

［24］万智,王贻荪,李刚.双排支护结构的分析与计算［J］.湖南大学学报(自然科学版),2001,28(3)：116-131.

［25］平扬,白世伟,曹俊坚.深基双排桩空间协同计算理论及位移反分析［J］.土木工程学报,2001,2：79-83.

［26］中国建筑科学研究院.建筑基坑支护技术规程：JGJ 120—2012［S］.北京：中国建筑工业出版社,2012.

［27］李永盛.上海博物馆基坑围护结构的受力与变形［J］.岩土工程学报,1996,18(3)：56-61.

［28］蔡袁强,王立忠,陈云敏,等.软土地基深基坑开挖中双排桩式围护结构应用实录［J］.建筑结构学报,1997,18(4)：70-76.

［29］史海莹.双排桩支护结构性状研究［D］.杭州：浙江大学,2010.

［30］于怀昌,李亚丽,陈岗宇.双排悬臂桩在软土地区深基坑支护中的应用［J］.铁道建筑,2007(2)：71-73.

［31］郑陈旻,王曾辉,章昕,等.双排桩支护在福建沿海软土深基坑工程中的经济性分析［J］.岩土工程学报,2010, 32(S1)：317-320.

［32］连峰,刘治,付军,等.双排桩支护工程实例分析［J］.岩土工程学报,2014，36(S1)：127-131.

［33］初振环,陈鸿,王志人,等.紧邻地铁车站基坑双排桩支护结构性状分析［J］.岩土工程学

报，2012，34(S2)：474-479.

[34] 郭延义.劲性复合桩施工工艺的应用[J].建筑施工，2018，40(7)：1089-1091.

[35] 赵欣,郭延义,吴樟强,等.单轴搅拌桩桩架改造工艺设计及施工[J].建筑施工，2018，40(5)：746-748.

[36] 基坑工程技术规程：DB42/T 159—2012[S].武汉：湖北省建设工程标准定额管理总站，2012.

[37] 基坑工程技术标准：DG/TJ 08-61—2018[S].上海：同济大学出版社，2018.

[38] 给水排水构筑物工程施工及验收规范：GB 50141--2008[S].北京：中国建筑工业出版社，2008.

[39] 混凝土结构工程施工质量验收规范：GB 50204—2015[S].北京：中国建筑工业出版社，2015.

[40] 大体积混凝土施工规范：GB 50496—2009[S].北京：中国计划出版社，2009.

[41] 城市污水处理厂工程质量验收规范：GB 50334—2002[S].北京：中国建筑工业出版社，2002.

[42] 钢筋机械连接通用技术规程：JGJ 107—2003[S].北京：中国建筑工业出版社，2003.

[43] 装配整体式混凝土结构施工及质量验收规范：DGJ 08-2117—2012[S].上海：上海造价信息发行站，2012.

[44] 劲性复合桩技术规程：JGJ/T 327—2014[S].北京：中国建筑工业出版社，2014.

[45] 城镇排水工程施工质量验收规范：DG TJ 08-2110—2012[S].上海：上海标准发行站，2012.

[46] 建筑地基基础工程施工质量验收规范：GB 50202—2002[S].北京：中国计划出版社，2002.

[47] 市政地下工程施工质量验收规范：DG TJ 08-236—2013[S].上海：上海标准发行站，2013.

[48] 建筑与市政降水工程技术规范：JGJ/T 111—2016[S].北京：中国建筑工业出版社，2016.

[49] 建筑基坑支护技术规程：JGJ 120—2012[S].北京：中国建筑工业出版社，2012.

[50] 基坑工程施工监测规程：DG/TJ 08-2001—2016[S].上海：同济大学出版社，2016.

[51] 建筑基坑工程监测技术规范：GB 5049—2009[S].北京：中国计划出版社，2009.

[52] 钻孔灌注桩施工规程：DG/TJ 08-202—2007[S].北京：中国建筑工业出版社，2007.

[53] 建筑基桩检测技术规程：JGJ 106—2014[S].北京：中国建筑工业出版社，2014.

附录

竣工后现场实景图

二沉池

地下预制装配式结构

进出通道

施工阶段室外总体照片

大底板钢筋整体照(跳仓法)

污水处理厂大门

二级放坡及二级平台降水井

预制十字节点安装